Katzen gesund ernähren

AUTOR: DR. MICHAEL STREICHER | FOTOS: JANA WEICHELT / MICHAEL BRAUNER

Inhalt

38 Futter für Spezialfälle

Extras

Basics der Ernährung

Kein Zweifel: Die Katze hat sich in den vergangenen Jahrzehnten zu einem der beliebtesten Haustiere entwickelt. Der Aufstieg vom geduldeten Mäusefänger zum geschätzten Familienmitglied brachte aber auch bedeutende Umstellungen ihrer Lebens- und Ernährungsweise mit sich.

Die Katze als Beutegreifer

Katzen sind von Natur aus reine Fleischfresser und müssen sich ihre Nahrung in freier Wildbahn schwer erarbeiten. Ob in dichtem Wald oder auf freier Steppe: Als sogenannte Ansitzjäger lauern sie ihrer Beute auf, schleichen sich auch geräuschlos heran, um dann plötzlich auf sie zu springen oder sie nach einer kurzen Verfolgungsjagd zu erlegen. Das Katzenskelett ist sehr leicht, zugleich stabil sowie extrem beweglich und damit optimal für geräuschloses und wendiges Jagen.

Hochentwickelte Sinnesleistungen

Die Katze geht gerne nachts und in der Dämmerung auf die Jagd. Um in fast völliger Dunkelheit scharf zu sehen, kommen ihre Augen mit sechsmal weniger Licht aus als die des Menschen. Hierzu verfügt sie auf der Netzhaut über eine große Anzahl an Nervenenden zum exakten Schwarz-Weiß-Sehen. Zusätzlich ermöglicht ihnen ein Restlichtverstärker im Augeninneren, das in der Nacht nur wenig vorhandene Licht optimal zu nutzen.

Ihre Ohren kann die Katze unabhängig voneinander in verschiedene Richtungen bewegen und somit jedes Geräusch präzise orten. Der wahrnehmbare Frequenzbereich übersteigt den unsrigen um das Dreifache. Auch Vibrationen auf dem Boden, wie sie zum Beispiel durch die Bewegung von Beutetieren entstehen, können im Vergleich zu uns dreimal besser wahrgenommen werden.

Nur selten sieht man eine Katze mit der Nase auf dem Boden eine Spur verfolgen. Denn beim Auffinden der Beute verlässt sie sich mehr auf ihre Augen und Ohren als auf ihren im Vergleich zu Hunden deutlich weniger ausgeprägten Geruchssinn. Diesen nutzt sie vor allem zur Beurteilung der Fleischqualität wie auch im sozialen Bereich.

Die wilde Ahnherrin

Die nubische Falbkatze, auch Afrikanische Wildkatze genannt, ist die alleinige und noch immer in freier Wildbahn lebende Stammform unserer Hauskatzen. Sie ist vor allem in Afrika, aber auch in Israel, der Türkei, dem Iran sowie in kleineren Populationen auf Sardinien und Sizilien anzutreffen. Mit Ausnahme von zentralen Wüsten- oder tropischen Regenwaldgebieten hat sie sich einen großen Lebensraum erobert, der von Savannen über Steppen bis hin zu Busch- oder gar Bergland in knapp 3000 Meter Höhe reicht. Bevorzugt hält sich die wendige Jägerin aber in wüstenähnlichen Gebieten mit wenig Vegetation auf.

Überlebenskünstler auf Samtpfoten

Wie aber können Katzen in einer derart kargen, von extremen klimatischen Bedingungen geprägten Umgebung ihr Überleben sichern?
Den Tag verbringt die Einzelgängerin meist schlafend in verlassenen Erdbauten anderer Tiere, seltener

Das kurze sandfarbene Haarkleid der Falbkatze weist an den Flanken und im Gesicht eine schwache, im Bereich der Gliedmaßen dagegen eine deutliche Querstreifung auf. Diese dient der Tarnung.

in Baumhöhlen. Dort sucht sie Schutz vor Sonne, Regen und ihren natürlichen Feinden wie Hyänen, Greifvögeln oder Schlangen. Erst mit hereinbrechender Dunkelheit macht sich die nachtaktive Falbkatze auf Nahrungssuche. Ist der Tisch spärlich gedeckt, kann ihr Jagdrevier bis zu vier Quadratkilometer groß sein. Ohne auf nennenswerte pflanzliche Zusatzkost oder reichhaltige Wasservorräte zurückgreifen zu können, muss die Katze ihren Bedarf an Nährstoffen und Flüssigkeit allein aus der erlegten Beute decken.

Hauptsache, gut angepasst!

Bevorzugte Beutetiere sind Mäuse, Ratten und kleinere Vögel, aber auch Eidechsen, Lurche, Insekten und Spinnen stehen gelegentlich auf dem Speiseplan. Nur bei sehr großem Nahrungsmangel frisst die Katze Aas oder Gräser und Blätter.

Betrachtet man die Zusammensetzung natürlicher Beute, wie etwa einer Maus, hinsichtlich der enthaltenen Nährstoffe, so fällt zunächst der hohe Wassergehalt von 62 % auf. Weitere Mengenanteile sind vor allem Eiweiße mit 19 % sowie Fette mit 11%. Mineralstoffe sind zu etwa 4,3 % enthalten. Kohlenhydrate kommen nur zu 3,7 % im Magen-Darm-Inhalt der erlegten Tiere vor.

Diesen ernährungsbedingten Gegebenheiten hat sich die Falbkatze optimal angepasst:

- Ihr Stoffwechsel ist auf die Verdauung großer Eiweißmengen ausgerichtet.
- Hauptsächliche Energielieferanten sind Eiweiße und Fette, Kohlenhydrate spielen im Gegensatz zu anderen Tierarten nur eine untergeordnete Rolle.
- Die Falbkatze kommt mit wenig zusätzlichem Wasser aus, da sie den größten Teil ihres Wasserbedarfs über die Nahrung abdeckt. Sie entwickelt demnach auch kein ausgeprägtes Durstgefühl.

Futterverwertung von Hauskatzen

TIPPS VOM KATZEN-EXPERTEN
Michael Streicher

Das Verdauungssystem unserer Hauskatzen hat sich im Zuge der Domestikation nur unwesentlich verändert. Damit sollte ihre Ration ähnlich zusammengesetzt sein wie die ihrer wild lebenden Verwandten.

PROTEINE Unsere Hauskatze ist auf tierisches Eiweiß in der Nahrung zwingend angewiesen. Da sie die Aktivität entsprechender Verdauungsenzyme nicht drosseln kann, werden bei unzureichender Proteinzufuhr körpereigene Reserven abgebaut.

KOHLENHYDRATE Sofern ausreichend Proteine aufgenommen werden können, brauchen ausgewachsene Katzen keine Kohlenhydrate als Energiequelle.

FETTE Tierische Fette können deutlich besser verwertet werden als pflanzliche Öle, außerdem erhöhen sie die Akzeptanz des Futters.

WASSER Auch Hauskatzen trinken wenig. Darum sollte hauptsächlich Nahrung mit einem Feuchtigkeitsgehalt von etwa 70 % verfüttert werden.

Von der Kornkammer aufs Sofa

Schädlingsbekämpfer Die Ägypter erkannten als Erste den Nutzen des dort heimischen Kleinräubers, der ihre in großen Kornkammern aufbewahrten Ernteerträge effektiv gegen eine Schar von Mäusen, Ratten und anderen Kleinnagern verteidigte. Deshalb fütterten sie ab etwa 3500 vor Christus die gerne gesehenen Mäusefänger gezielt an. Als echte Kulturfolger schlossen sich viele der einstigen Wildkatzen dem Menschen freiwillig an. Denn sie hatten ihn, besonders aber den Beutereichtum in der Nähe seiner Vorratskammern zu schätzen gelernt. Dem damaligen und über Jahrhunderte bestehenden Zweckbündnis entspricht noch heute die Lebensweise der sogenannten Bauernhofkatzen, deren einzige Nahrungsquelle in vielen Fällen die selbst erlegten Mäuse sind.

Hauskatzen An unsere Stubentiger stellen wir jedoch kaum noch schädlingsbekämpfende Ansprüche. Auch wenn sich Katzen grundsätzlich ein unabhängiges Wesen bewahrt haben, so brauchen sie uns als Halter dennoch zu ihrer Versorgung. Freigänger können sich zumindest noch auf ihr Jagdglück verlassen. Wohnungskatzen hingegen führen zwar ein gefahrenfreies Leben, sind dabei aber völlig auf die Ernährung durch den Menschen angewiesen. Es liegt also an uns, für ein optimales Futterangebot zu sorgen!

Unseren Hauskatzen ist das Beutespektrum ihrer Vorfahren immer noch vertraut.

Viele Bauernhofkatzen müssen mittlerweile nicht mehr allein von selbst erlegten Mäusen leben.

Was Hauskatzen brauchen

Die Falbkatze als Urahnin unserer Stubentiger ist ein hilfreiches Vorbild für deren Ernährung. Völlig auf sich allein gestellt, fängt und verspeist die geschickte Jägerin im Durchschnitt zwölf Mäuse pro Tag. Diese Menge ist ausreichend, um den weitreichenden Anforderungen in freier Wildbahn gewachsen zu sein, ohne körpereigene Reserven zur Energiegewinnung abbauen zu müssen. Aus dem natürlichen Fressverhalten der Falbkatze lässt sich also ihr energetischer Erhaltungsbedarf ableiten. Darunter versteht man die Energiemenge, die benötigt wird, um das Körpergewicht zu halten. Bei einem Energiegehalt von ungefähr 125 kJ pro Maus berechnet sich aus der durchschnittlichen Tagesbeute von zwölf erlegten Tieren ein endgültiger Energiebedarf von 1132 kJ pro Katze und Tag.

Draufgänger oder Faulpelz?

Dieser Wert kann hinsichtlich der Bedürfnisse unserer eigenen Katzen jedoch lediglich als grober Anhaltspunkt dienen, denn die Lebensumstände unserer Schmusetiger haben kaum noch etwas mit denen ihrer wilden Vorfahren gemein. Insbesondere die Anstrengungen der Jagd sind kräftezehrend, aber auch Revier- und Fortpflanzungsverhalten fordern ihren Tribut. Im Gegensatz dazu steht das Leben unserer Wohnungskatzen, die sich nur selten an den Napf pirschen müssen, um das darin liegende Futter zu erlegen. Neben der Haltungsform haben vor allem individuelle Faktoren erheblichen Einfluss auf den Energiebedarf. Geschlecht, Alter und Gewicht, aber auch das Temperament und die jeweilige Stoffwechsellage Ihres Vierbeiners spielen hierbei eine Rolle. Eine träge Katze wird deutlich weniger an Energie benötigen als ein Wildfang, und was bei der einen zu Speckröllchen führt, wird bei der anderen, ohne Spuren zu hinterlassen, verwertet. Verallgemeinernd kann man aber sagen, dass der tägliche Energiebedarf von Katzen mit einem Gewicht bis 3 Kilogramm bei etwa 319 kJ pro Kilogramm Körpermasse liegt, während solche mit über 5 Kilogramm nur etwa 209 kJ benötigen. Anhand dieser Mittelwerte können Sie, bei bekanntem Energiegehalt des Futters (Futtermitteletikett), die von Ihrem Liebling pro Tag benötigte Futtermenge errechnen und anschließend individuell an seine Bedürfnisse anpassen. Bei Zunahme darf die Portion um bis zu 20 % reduziert, bei Abnahme dementsprechend erhöht werden.

Geruhsame Katzen haben einen deutlich geringeren Energiebedarf als springlebendige.

Leicht- und Schwergewichtler

Doch wie sollte die Traumfigur einer Katze aussehen, und in welchem Bereich liegt dementsprechend ihr Ideal- oder Normalgewicht?
Bei der Beantwortung dieser Fragen ist zu beachten, dass zum einen große Unterschiede zwischen den verschiedenen Rassen, zum anderen aber auch zwischen deren männlichen und weiblichen Vertretern bestehen. Demzufolge ist eine Einteilung in folgende Gewichtsklassen möglich:
Sehr leichte Rassen Abessinier, Devon Rex, Exotic und Orientalisch Kurzhaar, Siam, Somali und Korat bringen im Mittel nur 2,8 Kilogramm (Kätzin) und 3,6 Kilogramm (Kater) auf die Waage.
Leichte Rassen Dazu zählen Colourpoint, Bengal, Heilige Birma, Thai, Perser und Russisch Blau mit durchschnittlich 3,3 (Kätzin) und 4,3 Kilogramm (Kater) Körpergewicht.
Mittelschwere Rassen Hierzu gehören Britisch Kurzhaar, Ragdoll und Scottish-Fold, welche im Normalfall bis zu 3,5 (Kätzin) und 4,3 Kilogramm (Kater) wiegen sollten.
Schwere Rassen Die Norwegische Waldkatze und die Sibirische Katze haben im Durchschnitt immerhin schon das beachtliche Gewicht von 4,0 (Kätzin) und 5,1 Kilogramm (Kater).
Sehr schwere Rassen Bei der Maine-Coon zeigt die Waage stattliche 4,9 (Kätzin) und 6,1 Kilogramm (Kater) an.
Die bei uns als Haustier weit verbreitete Europäische Kurzhaarkatze zählt zu der leichten bis mittelschweren Kategorie.

Feliner **Body Mass Index**

BERECHNUNG **Mithilfe bestimmter Körpermaße Ihrer Katze (→ rechte Seite) können Sie den Felinen Body Mass Index (nach Hawthorne und Butterwick) gemäß folgender Formel berechnen:**

$$\% \text{ Körperfett} = [(\text{Brustkorbumfang} : 0{,}7067 - \text{LIM}) : 0{,}9156] - \text{LIM}$$

Zu dick oder zu dünn?

Auch wenn es Ihnen überflüssig erscheinen sollte: Kontrollieren Sie in regelmäßigen Abständen das Körpergewicht Ihrer Katze (→ Seite 56)! Eine dauerhafte Überernährung kann schwerwiegende gesundheitliche Folgen nach sich ziehen. Andererseits ist eine schleichende Zu- bzw. Abnahme bei unveränderten Fütterungsgewohnheiten oftmals der erste Hinweis auf das Vorliegen einer ernsthaften Stoffwechselerkrankung.
Als Übergewicht gilt, wenn der Normalwert um 15 bis 20 % überschritten wird. Dieser Prozentsatz erhöht sich bei der Adipositas, der Fettleibigkeit, auf 25 bis 30 %. Vereinfacht kann man sagen, dass oberhalb der 6-Kilogramm-Grenze nahezu alle Katzen übergewichtig bis adipös sind. Die Fettleibigkeit ist nicht allein ein Schönheitsfehler, sondern gilt als Erkrankung, bei der durch die übermäßige Speicherung von Fetten die verschiedenen Körperfunktionen nicht optimal ablaufen können.
Neben unseren zu reichlich gefütterten Samtpfoten sollen aber auch die vielen herrenlosen Streuner nicht vergessen werden, welche häufig mangelernährt und krank sind. Genau wie die übergewichtigen Tiere sind auch sie ein menschengemachtes Problem, dem nur durch die strikte Verpflichtung zur Kastration aller frei lebenden Katzen Einhalt geboten werden kann.

1 STARK ABGEMAGERT Die Lendenwirbel, Beckenknochen und Rippen stehen deutlich sichtbar hervor. Die Taille ist stark ausgeprägt.

2 IDEALGEWICHTIG Eine Katze mit Idealgewicht erscheint wohlproportioniert mit noch sichtbarer Taille. Die Rippen stehen nicht vor, auf ihnen ist eine leichte Fettschicht fühlbar.

3 STARK ADIPÖS Sind die Rippen nicht tastbar, stattdessen Fettpolster im Kopf-, Lendenwirbel- und Beinbereich, so ist die Katze stark adipös.

Auf die schlanke Linie achten

Die Entscheidung, ob Ihr Vierbeiner nun eine Traumfigur hat oder nicht, können Sie auch sehr gut nach dem optischen Eindruck treffen. Dies berücksichtigt der Body Condition Score (BCS) für Katzen (nach Laflamme). Durch einen kritischen Blick von oben und von der Seite sowie durch das Betasten des Brustkorbes und des Bauches wird der Ernährungszustand (Body Condition) abgeschätzt und in einer Punkteskala bewertet (Scoring). Der augenscheinliche Verlust der Taille und das Vorhandensein eines Hängebauches sprechen bei dieser Bewertungsmethode in der Regel für Übergewicht. Die Einteilung nach dem BCS erfolgt in neun Stufen, wobei die erste eine stark abgemagerte, die neunte und letzte Stufe eine stark adipöse Katze repräsentiert (→ Abbildungen oben).

Body Mass Index für Katzen

Subjektive, also von der persönlichen Einschätzung abhängige Verfahren haben ihre Grenzen. Im Waltham Center für Tierernährung in England wurde vor einigen Jahren der sogenannte Feline Body Mass Index entwickelt, eine Methode, bei der die Diagnose Übergewicht nicht mehr vom Auge des Betrachters abhängig ist, sondern die Verteilung von Fettgewebe zu fettfreier Körpermasse als mathematische Größe errechnet werden kann. Sie benötigen dazu von Ihrer Katze zwei Körpermaße:

› Ertasten Sie bei Ihrer Mieze die letzte, die dreizehnte Rippe. Zählen Sie von dort nach vorne bis zur neunten und messen Sie auf dieser Höhe den Umfang des Brustkorbes in Zentimetern.
› Ermitteln Sie dann an der linken Hintergliedmaße die Distanz zwischen der Kniescheibe und dem Fersenbeinhöcker, den sogenannten LIM-Wert (Leg Index Measurement). Alle diese Messungen müssen an der stehenden Katze erfolgen (Infos zum FBMI → Adressen, Seite 62).
› Setzen Sie dann die beiden Werte in die Gleichung zur Bestimmung des Felinen Body Mass Index ein (→ Information linke Seite).
› Als Ergebnis erhalten Sie den Anteil von Körperfett am Gesamtgewicht Ihrer Katze.

Ein Prozentsatz zwischen 10 und 30 % gilt als normal, ein höherer Wert weist auf Übergewicht hin.

Bedarf an Nährstoffen

Ob Beutetier oder Futter im Napf, beides muss unsere Stubentiger nicht nur mit Energie, sondern auch mit allen anderen lebenswichtigen Nährstoffen versorgen. Hinsichtlich deren Verwertung hat die Hauskatze einige Besonderheiten ihrer wilden Vorfahren beibehalten.

Eiweiße Als strikter Fleischfresser gewinnt sie aus Proteinen nicht nur Bausteine für den Aufbau wichtiger Körperstrukturen, sondern vor allem auch Glukose als Energieträger. Katzen sollten nahezu ausschließlich tierische Eiweiße erhalten, da diese essenzielle Aminosäuren enthalten, welche sie selbst nicht bilden können, aber unbedingt zum Überleben brauchen. Dabei handelt es sich in erster Linie um Arginin und Taurin. Während Arginin in allen tierischen Produkten ausreichend vorhanden ist, sind deren Gehalte an Taurin sehr unterschiedlich, weshalb dieses oftmals dem Futter zugesetzt werden muss. In einem Kilogramm Trocken- bzw. Nassfutter sollten 100 bzw. 200 Milligramm dieser Aminosäure enthalten sein.

Quark ist für viele Katzen ein Leckerbissen und liefert zudem wertvolle tierische Eiweiße.

Fette Auch bestimmte Fettsäuren, wie beispielsweise die Arachidonsäure, sind für Katzen essenziell und kommen wiederum nur in tierischen Fetten in ausreichender Menge vor. Darum sind diese den pflanzlichen Ölen vorzuziehen.

Kohlenhydrate Katzen sind nicht auf Kohlenhydrate als Glukosequelle angewiesen. Dennoch bereitet ihnen deren Verdauung keine Probleme.

Vitamine Im Gegensatz zum Menschen können Katzen Vitamin C selbst herstellen. Dagegen sind sie nicht in der Lage, aus dem in Pflanzen vorkommenden ß-Carotin das Vitamin A zu gewinnen. Dieses muss also über tierisches Gewebe aufgenommen werden. Letzteres gilt auch für Vitamin D.

Mineralstoffe Abhängig von der Menge, die der Organismus von dem jeweiligen Stoff braucht, unterscheidet man Mengen- und Spurenelemente. Zu Ersteren zählen: Kalzium, Phosphor, Magnesium, Schwefel, Natrium, Kalium, Chlor. Für den gesunden Aufbau von Knochen und Zähnen ist insbesondere ein ausgewogenes Verhältnis von Kalzium und Phosphor wichtig, welches bei der Katze etwa 1,2 : 1 betragen sollte. Das bedeutet, dass im Futter etwas mehr Kalzium enthalten sein muss als Phosphor. Bei reiner Fleischfütterung ohne Knochen verschiebt sich das Verhältnis zugunsten des Phosphors, weswegen dann Kalzium zugesetzt werden muss. Spurenelemente sind: Eisen, Kupfer, Zink, Mangan, Jod, Selen und Kobalt. Da Katzen einen hohen Bedarf an ungesättigten Fettsäuren haben, sind vor allem Selen wie auch Vitamin E wichtig, welche schädliche Stoffwechselprodukte aus dem Abbau der Fettsäuren abfangen.

Die wichtigsten **Nahrungsbestandteile**

NAME	BESCHREIBUNG
EIWEISSE	Gebildet aus kettenförmig aneinandergereihten Aminosäuren. Bausteine für Gewebe und Organe, aber auch Transport-, Boten- und Abwehrstoffe. Für Katzen sind sie ein wichtiger Energielieferant. Verfüttert werden sollte immer tierisches Eiweiß, vor allem Fleisch und Fisch, in geringen Mengen auch Innereien, Milchprodukte oder Eier. Anteil an der Ration: 19 %
FETTE	Organische Verbindungen aus Glyzerin und Fettsäuren. Als bedeutendste Energielieferanten und -speicher sind sie auch am Aufbau der Zellwand sowie an der Bildung von Hormonen beteiligt und ermöglichen die Aufnahme fettlöslicher Vitamine. Katzen benötigen Fette tierischer Herkunft, als Zusatz eignen sich besonders Schmalz und Fischöl. Anteil an der Ration: 11 %
MINERAL-STOFFE	Anorganische Verbindungen. Mengenelemente sind wichtig für den Zell- und Knochenaufbau, die Muskeltätigkeit und den Flüssigkeitshaushalt. Spurenelemente wirken als Antioxidantien und werden u. a. für die Blutbildung und Immunabwehr benötigt. Zugeführt werden sie mit Fleisch, Knochen und Fisch. Anteil an der Ration: 4,3 %
KOHLEN-HYDRATE	Moleküle aus Kohlenstoff, Sauerstoff und Wasserstoff. Da Katzen Energie hauptsächlich aus Proteinen und Fetten gewinnen, spielen sie eine untergeordnete Rolle. Katzen akzeptieren sie in Kartoffeln, Nudeln, Mais und Weizen. Anteil an der Ration: 3,7 %
VITAMINE	Organische Substanzen unterschiedlichster Zusammensetzung. Sie greifen regulierend in eine Vielzahl von Stoffwechselvorgängen ein, unterstützen das Immunsystem und sind beteiligt am Aufbau von Zellen, Blutkörperchen, Knochen und Zähnen. Enthalten in Fleisch, Fisch, Leber, Gemüse, Hefeflocken und Eigelb. Anteil an der Ration: Gering, es reichen wenige Milligramm.
BALLAST-STOFFE	Unverdauliche Nahrungsbestandteile, meist langkettige Kohlenhydrate, mit positiven Auswirkungen auf die Darmflora und Darmbewegung. Können über Getreide, Obst und Gemüse zugeführt werden. Anteil an der Ration: gering
WASSER	Als Grundstoff allen Lebens an sämtlichen Stoffwechselvorgängen beteiligt. Wird von Katzen großteils über die Nahrung aufgenommen. Anteil an der Ration: 62 %

Gut zu wissen!

Zum Thema Katzenernährung gibt es einige Irrtümer und Fragen, welche im folgenden Abschnitt knapp dargestellt und erläutert werden sollen.

Reste vom Tisch

Was für uns Menschen gut ist, kann Schnurri nicht schaden, oder? Leider doch. Nicht nur, dass wir uns zu fettreich ernähren, auch die für die Katze so wichtigen tierischen Eiweiße mit den essenziellen Aminosäuren sind in unseren Speisen nicht ausreichend vorhanden. Viele Substanzen in unserem Essen sind für die Katze unverträglich, wenn nicht sogar gesundheitsschädlich (→ Seite 22/23). Tiere, die dauerhaft von Tischresten ernährt werden, verlieren zusehends ihren Appetit, magern ab und bekommen ein glanzloses, struppiges Fell.

Ab und zu was Süßes

Viele Katzen lieben Schokolade. Für sie ist einer der Inhaltsstoffe, das Theobromin, jedoch pures Gift, wodurch sie ernsthaft krank werden können. Egal ob als Mousse, Eis, Kakaogetränk oder pur, geben Sie Ihrer Katze niemals Schokolade zum Essen! Auch Schlagsahne mögen viele Katzen gerne. Versuchen Sie aber bitte gar nicht erst damit anzufangen, Ihrer Katze kalorienhaltige Leckereien jeglicher Art anzubieten!

Ohne Zahnstein dank Trockenfutter

Kein Futter und auch keine Futterzusätze können die Zahnsteinbildung effektiv reduzieren oder verhindern. Das einzig wirksame Mittel im Kampf gegen Plaques ist das tägliche Putzen. Es gibt speziell für Katzen entwickelte Zahnbürsten oder Fingerlinge mit Gumminoppen, dazu die passende Zahncreme mit Hühnchengeschmack. Probieren Sie einfach aus, ob sich Ihr Stubentiger die Zahnpflege gefallen lässt, ansonsten hilft nur eine Behandlung beim Tierarzt.

Meine Katze frisst komische Sachen!

Auf Entdeckungstour durch Ihre Wohnung wird sich Ihre Katze auch immer wieder an Zimmerpflanzen, Duschvorhängen und herumliegenden Plastiktüten oder Fadenresten genüsslich zu schaffen machen. Versuchen Sie gar nicht erst, ihr das zu verbieten! Entfernen Sie lieber gleich alles Herunterschluckbare aus ihrer Umgebung. Das gilt auch für Pflanzen, die Giftstoffe oder ätherische Öle enthalten, welche Ihrem Vierbeiner schwer auf den Magen schlagen könnten (→ Adressen, Seite 62).

Bis zum Platzen

Eine Katze weiß, wie viel sie essen darf! Das stimmt bei vielen Katzen nicht. Einer der häufigsten Gründe für ein Zuviel an Futter ist Langeweile. Die Nahrungsaufnahme dient dabei dem Zeitvertreib. Aber auch übermäßiger Stress kann durch die beruhigende Wirkung des Essens abgebaut werden.

Aus dem Blumentopf

Egal ob Zimmerspringbrunnen, Leitungswasser oder teures Mineralwasser: So manche Katze bevorzugt die Blumenunterschale mit dem abgestandenen Gießwasser. Solange dieses keinen Dünger enthält, ist dagegen nichts einzuwenden. Aber Vorsicht mit offen stehenden Toiletten: Kätzchen könnte, beim Versuch zu trinken, hineinfallen!

NASS ODER TROCKEN? Manche Katzen würden am liebsten ausschließlich Trockenfutter fressen. Dessen alleinige Verfütterung bewirkt jedoch, dass sich die Harnmenge reduziert und sich die auszuscheidenden Stoffe anreichern. Diese Konzentration kann auf Dauer die Nieren schädigen und die Bildung von Harnsteinen begünstigen, welche oftmals ernsthafte Störungen des Harnabsatzes verursachen. Bieten Sie Ihrer Katze eingeweichtes Trockenfutter an (Wasser, Bouillon).

ESSEN VOM TISCH Gelegenheit macht Diebe. Hin und wieder das ein oder andere von Ihrem Teller schadet zwar sicherlich nicht der Gesundheit Ihrer Katze, führt aber im ungünstigsten Fall zu einem aufdringlichen Verhalten am Tisch, das nur schlecht abzugewöhnen ist. Dies kann so weit führen, dass Sie keine Nahrungsmittel mehr unbeaufsichtigt stehen lassen können, ohne dass sich Ihre Mieze davon bedient.

TRINKT DIE KATZE GENUG? Mehrere Trinkmöglichkeiten wirken einladend und erhöhen somit die Flüssigkeitsaufnahme. Manche Katzen trinken zudem gerne auf erhöhten Plätzen.

Was darf in den Napf?

Wir möchten für unsere Katzen alle das Gleiche: eine artgerechte, ausgewogene und abwechslungsreiche Ernährung als Grundlage für ein langes und glückliches Katzenleben. Doch angesichts der großen Auswahl stellt sich die Frage, welche Fütterungsart und welche Futtermittel diesen Anforderungen entsprechen.

Wer die Wahl hat …

Katzennahrung, die Sie Ihrem Vierbeiner ohne weiteres Zutun vorsetzen können, wird als Fertigfutter bezeichnet. Alleinfuttermittel decken den gesamten Bedarf an Nährstoffen, einschließlich der Mineralien und Vitamine. Hierbei hat man wiederum die Wahl zwischen Trocken- und Feuchtfutter. Ersteres wird meist in Pellet- oder Krokettenform zum Verkauf angeboten. Der Wassergehalt liegt bei etwa 10 %, wohingegen der des Feuchtfutters 70–80 % beträgt. Dieses ist im Handel in Dosen, Aufreißschalen oder Folienbeuteln erhältlich. Sonderformen der Fertignahrung stellen die Spezial- oder Diätfuttermittel dar. Ihre Zusammensetzung ist auf bestimmte Bedürfnisse der Katze abgestimmt, die sich je nach Alter, Gewicht und Erkrankung, aber auch nach Haltungsform, Haartyp oder Rasse ergeben können. Nicht zu vergessen sind im Angebot der Tierfachmärkte die sogenannten Leckerlis oder Snacks, die es in vielen verschiedenen Formen und Arten gibt. Oftmals nur als Belohnung angesehen, tragen auch sie nicht unerheblich zum Kalorienangebot für Ihre Katze bei.

Selber kochen

Viele Tierhalter stehen den Erzeugnissen der Futtermittelindustrie zunehmend kritisch gegenüber, insbesondere der Art und Herkunft der verwendeten Rohstoffe. Wer deshalb die Mahlzeit seiner Katze selbst zubereiten möchte, sollte sich aber grundlegende Kenntnisse zu deren Rationsgestaltung aneignen, um Fütterungsfehler zu vermeiden. Wichtige Tipps wie auch einfache Rezepte für Nahrung und Leckerlis finden Sie auf den folgenden Seiten. Sie bieten Ihnen zugleich eine Entscheidungshilfe, welche Fütterungsform für Sie und Ihre Katze passend und geeignet ist.

Fertigfutter

Fertigfuttermittel werden industriell in großen Mengen hergestellt. Bei der Feuchtnahrung werden die Zutaten miteinander gegart und zur Konservierung in den verschlossenen Behältnissen unter Druck erhitzt. So können sie bis zu zwei Jahren haltbar gemacht werden. Zur Herstellung von Trockenfutter wird den Ausgangsstoffen unter Dampf und Druck das Wasser größtenteils entzogen, wodurch es etwa 18 Monate aufbewahrt werden kann. Bei beiden Produktionsweisen resultieren aus der Erhitzung und Haltbarmachung Nährstoffverluste, die durch künstliche Zusatzstoffe ausgeglichen werden müssen. Trockenfutter weist aufgrund seines geringen Wassergehalts eine höhere Energiedichte auf als Feuchtnahrung. Dementsprechend ist auch eine kleinere Portion ausreichend, um den Bedarf Ihrer Katze zu decken. Allerdings ist der Kohlenhydratanteil oftmals deutlich höher, da zur Herstellung der Pellets Stärke als Kleber zugegeben werden muss.

Bei einem derart großen Angebot ist es nicht leicht, das »richtige Futter« zu finden!

Futtermitteletiketten

Qualitätsunterschiede bestehen aber nicht nur zwischen Trocken- und Feuchtfutter, auch innerhalb jeder Gruppe können die Produkte verschiedener Hersteller hinsichtlich ihrer Zusammensetzung erheblich variieren. Was also sagt das jeweilige Etikett über die Qualität des von Ihnen gekauften Fertigfutters aus? Laut Gesetz sind die Hersteller zu folgenden Angaben verpflichtet:

Garantierte Analyse Hierbei verpflichtet sich der Produzent, dass die prozentual angegebenen Gesamtmengen für Eiweiß (Rohprotein) und Fett (Rohfett) nicht unterschritten werden, die der unverdaulichen (Rohfaser) und mineralischen Bestandteile (Rohasche) nicht überschritten werden. Für Ihre Katze als Beutegreifer sind Proteine der wichtigste Inhaltsstoff, deren Anteil im Futter sollte also dementsprechend hoch sein. Problematisch ist jedoch, dass der Rohproteingehalt nur die im Futter enthaltene Gesamtmenge an Eiweiß angibt, jedoch keine Aussage zu dessen Herkunft (tierisch oder pflanzlich) oder Verwertbarkeit zulässt. Die Verdaulichkeit müssen Sie entweder beim Hersteller erfragen oder indirekt ableiten. Je mehr Sie Ihrer Katze laut Fütterungsempfehlung auf dem Etikett zur Deckung des Tagesbedarfs geben müssen, desto schlechter ist die Verdaulichkeit.
In qualitativ schlechtem Futter sind bei einem hohen Anteil an Kohlenhydraten tierische Eiweiße größtenteils durch pflanzliche ersetzt.

Katzen, die häufig Trockenfutter erhalten, sollten mehr Flüssigkeit aufnehmen. Manche Katzen lassen sich durch das leise Plätschern eines Zimmerspringbrunnens zum Trinken animieren, andere ignorieren ihn konsequent oder benutzen ihn stattdessen als Planschbecken.

Auflistung der Inhaltsstoffe Diese werden nach Gewicht absteigend sortiert aufgeführt. Die Angaben beziehen sich allerdings auf die Zusammensetzung vor dem Verarbeitungsprozess und nicht auf die des Endprodukts. Auch hierbei bleiben Art und Herkunft der verwendeten Zutaten oft unklar. Darum sollten Sie darauf achten, ob alle Zutaten genau aufgelistet oder nur in Gruppen zusammengefasst werden. Wer qualitativ hochwertige und für die Katze optimale Zutaten verwendet, wird diese sicherlich auch genau angeben.

Allein- bzw. Einzelfuttermittel Ist das Futter als solches deklariert, enthält es laut Hersteller alle für Ihre Katze notwendigen Bestandteile. An diesen Richtwerten können Sie sich orientieren:
Pro 100 g getrocknetem Futter sollte der Anteil von Rohprotein mindestens 26 g, der von Rohfett 9 g betragen. Linolsäure und Arachidonsäure werden zu 1 g beziehungsweise 0,02 g benötigt, Taurin zu 0,2 g. Der Kalziumbedarf liegt bei 0,6–1,0 g, der von Phosphor bei 0,5–0,8 g. Von Vitamin A werden 500 IE benötigt, von Vitamin D 50 IE.

Goldene Regeln zur Fütterung

Fressnapf

Jede Katze braucht ihren eigenen Fressnapf, der leicht zu reinigen sein sollte. Plastik ist als Material nicht geeignet, da es mit der Zeit Risse bekommt, in denen sich unhygienische Ablagerungen bilden können. Da manche Katzen gerne mit dem Futter spielen, sollte der Napf nicht leicht umzuwerfen sein und auf einer rutschfesten Unterlage stehen.

Mahlzeit

Feste Fütterungszeiten können Übergewicht vorbeugen. Bei dauerhaftem Nahrungsangebot bedienen sich viele Katzen auch aus Langeweile am Napf. Eine Mahlzeit am Morgen und eine am Abend sind für ausgewachsene Tiere ausreichend.

Standort

Suchen Sie einen ruhigen, geschützten Futterplatz, der nicht direkt in der Sonne oder an der Heizung liegt. Da die Tiere ausgesprochen reinlich sind, sollte der Ort sauber sein und einen ausreichenden Abstand zur Katzentoilette haben.

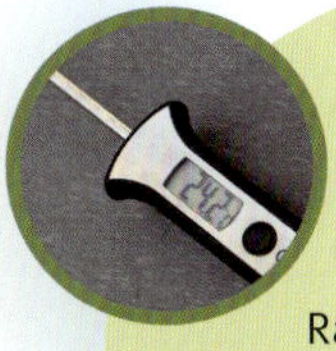

Temperatur

Am besten schmeckt Futter, das Raumtemperatur hat. Bei leichter Erwärmung können sich jedoch Duftstoffe besser entfalten, wodurch die Akzeptanz bei vielen Futtersorten erhöht werden kann.

Leckerlis

Auch Katzen naschen gerne! Allerdings stellen Leckerlis meist eine unnötige Kalorienquelle dar und sind in ihrer Zusammensetzung der Gesundheit Ihres Vierbeiners nicht unbedingt dienlich. Solange dieser auf bestimmte Inhaltsstoffe wie Gewürze oder Geschmacksverstärker nicht allergisch reagiert, dürfen Sie ihn aber hin und wieder verwöhnen. Vielleicht bieten Sie ja auch einmal selbst gebackene Leckerlis (→ Seite 30) mit frischen, sorgfältig ausgewählten Zutaten an?

Wasser

Katzen trinken von Natur aus wenig und müssen ständig daran erinnert werden. Am besten stellen Sie darum mehrere Trinkschalen an unterschiedlichen Stellen und mit Abstand zum Fressnapf auf. Milch ist kein Getränk, sondern ein Nahrungsmittel, für erwachsene Katzen zudem schlecht verträglich.

Selbst gekochte Nahrung

Sie möchten die Nahrung Ihrer Katze lieber selbst zubereiten? Zum Wohle Ihres Stubentigers müssen Sie dabei einige grundsätzliche Regeln beachten:

Zusammensetzung Das Futter im Napf sollte zu mindestens 80 % aus Fleisch oder Fisch bestehen.

Eiweiße Hochwertige Eiweißträger, die das gesamte für die Katze notwendige Aminosäurenspektrum aufweisen, sind gekochter Fisch und zartes Muskelfleisch von Rind, Lamm, Pferd, Geflügel oder Wild. Minderwertige Eiweißstoffe in Sehnen, Knorpeln und Bändern können dagegen nur in wesentlich geringerem Umfang in körpereigene Proteine umgewandelt werden. Die essenzielle Aminosäure Taurin wird zudem durch den Kochvorgang weitgehend zerstört und muss darum ergänzt werden.

Fette Variieren Sie je nach Ernährungszustand Ihrer Katze zwischen fetten und mageren Fleischsorten: Lamm, Rind oder Schwein wie auch Gans und Ente haben einen Anteil von 15 % Fett oder mehr, Huhn, Pute oder Kaninchen dagegen nur von 2–6 %. Auch bei Fisch unterscheidet man zwischen fetten Sorten wie Lachs, Makrele, Hering oder Sardine und mageren, wozu Kabeljau, Rotbarsch, Schellfisch und Seelachs gehören. Bestimmte essenzielle Fettsäuren sollten durch die Gabe von Öl ergänzt werden (→ Seite 28).

Kohlenhydrate Kartoffeln, Nudeln oder Reis in gekochter Form sollten nicht mehr als 10–15 % der Ration ausmachen.

Vitamine und Mineralstoffe Bei reiner Fleischfütterung mit dementsprechend hohem Phosphatanteil muss Kalzium zugegeben werden. Lebertran ist ein wichtiger Lieferant von Vitamin A und D. Geben Sie ihn aber nur alle zehn Tage, um eine Überversorgung zu vermeiden.

Ballaststoffe Gemüse kann der Ration beigemengt werden, muss aber bei heiklen Katzen nicht unbedingt enthalten sein.

Eine Katze hat einen gänzlich anderen Nährstoffbedarf als der Mensch. In unserem Essen fehlen wichtige Bestandteile, die für ein langes, gesundes Katzenleben wichtig sind.

Wichtige Tipps zum Selberkochen

Wenn Sie Ihrer Mieze ein schmackhaftes, gesundes Futter zubereiten wollen, sollten Sie neben den Hinweisen zur Rationsgestaltung auch auf folgende Punkte achten. Nicht alle Zutaten sind für Katzen bekömmlich!

Tut gut

- \+ Abwechslung ist wichtig! Solange Sie für das Futter immer wieder verschiedene Zutaten verwenden, wird Ihre Katze auch ausreichend mit allen notwendigen Nährstoffen versorgt.
- \+ Innereien wie Leber und Niere sind reich an Vitaminen und Mineralstoffen und können einmal pro Woche zu 5 % der Fleischration beigemengt werden. Zu viel davon schadet aber Ihrer Katze!
- \+ Eigelb, Quark oder Joghurt schmecken Katzen richtig gut und stellen zusätzliche Quellen für Proteine und Vitamine, aber auch für Kalzium dar.
- \+ Die Zugabe von etwas Fleischsud erhöht den Wassergehalt des Futters.

Besser nicht

- − Die Konservierungsstoffe Benzoesäure (E 210), Natrium- (E 211), Kalium- (E 212) und Kalziumbenzoat (E 213) sind für Katzen giftig (z. B. in Lachs- oder Krabbenprodukten enthalten)!
- − Zwiebeln, aber auch Knoblauch, Bärlauch, Schnittlauch und Lauch führen bei Katzen zu einer Zerstörung der roten Blutkörperchen und damit zu einer lebensbedrohlichen Situation!
- − Steinobst wie Pfirsiche oder Aprikosen sind schädlich. Bereits kleinste Mengen von Weintrauben oder Rosinen lösen akutes Nierenversagen aus.
- − Grüne Paprika, rohe Kartoffeln und Bohnen führen zu Vergiftungen.

BARF für Katzen

Die Bezeichnung BARF stammt aus den USA und stand ursprünglich für »Born-Again Raw Feeders«, was wörtlich übersetzt »Wiedergeborene Rohfütterer« bedeutet. Daraus wurde im Laufe der Zeit der Begriff »Bones And Raw Foods«. Im Deutschen wird BARF gerne als »Biologisches Artgerechtes Rohes Futter« bezeichnet, womit ausgedrückt werden soll, dass es sich hierbei um eine naturnahe und ursprüngliche Form der Ernährung handelt. Zunächst wurde das Barfen für Hunde entwickelt. Bei der Rationsgestaltung orientiert sich der Halter an den Fressgewohnheiten von Wölfen, die sich ausschließlich von rohem Fleisch, Innereien und Knochen ernähren. Auch eine Katze frisst das gesamte Beutetier, einschließlich Magen- und Darminhalt. Dieses natürliche Fressverhalten gilt es beim Barfen zu imitieren. Was logisch und vernünftig klingt, gestaltet sich in der Umsetzung aber nicht immer ganz einfach.

Maßstab einer artgerechten BARF-Ration ist das Beutetier Maus. Man braucht jedoch viele Zutaten, um dessen Zusammensetzung zu imitieren!

Rohfleischfütterung

Wie sollte also eine optimale BARF-Ration für die Katze zusammengesetzt sein?
Die ausgewogenste, da naturgemäße Form des Barfens stellt die Verfütterung ganzer, roher toter Tiere dar. Im Zoofachhandel werden Küken, Ratten und junge Kaninchen angeboten. Das Tier samt Haut und Haar enthält alle für die Katze lebensnotwendigen Nahrungsbestandteile. Natürlicher geht es nicht, aber jedermanns Sache ist es auch nicht! Wenn Sie lieber Tierteile verfüttern wollen, wie zum Beispiel Muskelfleisch ohne Haut und Knochen oder Innereien ohne Magen- und Darminhalt, müssen Sie fehlende Inhaltsstoffe ergänzen, um Mangelerscheinungen vorzubeugen. Bei Gestaltung und Zusammensetzung der Ration können Sie sich im Wesentlichen nach den Grundsätzen richten, die bereits für die selbst gekochte Nahrung angesprochen wurden (→ Seite 22/23). Einige Unterschiede sollten Sie dennoch beachten:

Eiweiße Bedenken Sie, dass rohes Schweinefleisch das Aujeszky-Virus enthalten kann, Erreger einer tödlich verlaufenden Erkrankung der Katze. Verfüttern Sie diese Fleischart also nur gekocht oder gänzlich durchgebraten! Auch Fisch sollte in rohem Zustand nur einmal pro Woche in den Napf kommen. Ungekocht enthält er reichlich Thiaminase, ein Enzym, das Vitamin B abbaut und daher zu schweren Mangelerscheinungen führen kann.

Auch beim Barfen sollte die essenzielle Aminosäure Taurin ergänzend zugegeben werden. Denn zum einen schwankt deren Gehalt je nach Fleischsorte, zum anderen verzehrt Ihr Stubentiger seine Beute nicht in frischem Zustand, sondern nach Lagerung in Kühlschrank oder Gefriertruhe.

Mineralstoffe Zur Deckung des Kalziumbedarfs wird beim Barfen häufig die Zugabe roher Knochen empfohlen, welche im Gegensatz zur gekochten Form nicht splittern und darum verfüttert werden dürfen. Meine Erfahrung als Tierarzt zeigt jedoch, dass ganze Knochen, ob roh oder gekocht, zu schwerwiegenden Verstopfungen, Darmverletzungen oder Darmverschlüssen führen können, wenn sie nicht richtig zerkaut werden. Also besser Mineralfutter (→ Seite 28) bedarfsdeckend verwenden!

Kohlenhydrate Auf deren Zugabe können Sie bei der Rohfleischfütterung völlig verzichten. Hinsichtlich Fetten, Vitaminen und Ballaststoffen gelten die für selbst gekochte Nahrung getroffenen Aussagen (→ Seite 22/23).

Für und Wider

Kaum eine Ernährungsform hat im Laufe der letzten Jahre mehr Diskussionen ausgelöst als das Barfen. Überzeugte Verfechter führen an, dass mit Rohfleisch gefütterte Tiere einen deutlich besseren Allgemeinzustand zeigen und weniger anfällig für Krankheiten sind. Zahnstein oder Futtermittelunverträglichkeiten sollen ebenfalls deutlich weniger auftreten. Demgegenüber steht eine große Zahl an unsachgemäß gebarften Hunden und Katzen mit ausgeprägten Mangelerscheinungen. Bei korrekter Zubereitung stellt BARF eine wertvolle Art der Ernährung dar, die dabei hilft, vielen Krankheiten vorzubeugen. Dies kann jedoch auch durch alle anderen Fütterungsvarianten erreicht werden.

So gelingt **das Barfen!**

TIPPS VOM KATZEN-EXPERTEN **Michael Streicher**

INFORMATION BARF muss auf den speziellen Nährstoffbedarf der Katze abgestimmt sein. Besorgen Sie sich hierzu spezielle Fachliteratur! Kenntnisse zum Barfen von Hunden können nicht einfach übernommen werden. Auch der bei dieser Tierart übliche »Fastentag« darf bei Mieze nicht eingelegt werden, schwere Stoffwechselstörungen könnten die Folge sein!

PROFESSIONELLE HILFE Wollen Sie Ihre Katze ausschließlich barfen, sollten Sie vorher einmalig einen Fachtierarzt für Tierernährung und Diätetik kontaktieren (→ Service, Seite 62). Er steht Ihnen hinsichtlich der Rationsgestaltung mit Rat und Tat zur Seite. Das hilft, schwerwiegende Fütterungsfehler von Anfang an zu vermeiden!

ZUTATEN Sie wollen für Ihr Tier eine artgerechte und biologische Ernährung? Berücksichtigen Sie bei der Auswahl der Zutaten auch ökologische Kriterien, und achten Sie auf gute Qualität und hohe Verdaulichkeit!

AUF KEINEN FALL bedeutet BARF die alleinige Verfütterung von Rohfleisch ohne andere Zutaten.

Ergänzungsfuttermittel

Ein Fertigfuttermittel guter Qualität enthält als Alleinfutter alle für Ihre Katze erforderlichen Nährstoffe. Dagegen gehen bei selbst gekochter Nahrung durch Erhitzen, bei BARF durch Verwendung von Fleischstücken statt ganzer Tiere wichtige Inhaltsstoffe verloren, die Sie nachträglich zufügen müssen, um eine ausreichende Versorgung Ihres Stubentigers zu gewährleisten. Zu diesem Zweck werden im Handel Ergänzungsfuttermittel angeboten. Diese sind auch dazu geeignet, bei Erkrankungen wie beispielsweise Allergien oder Arthrosen einen entsprechenden Mehrbedarf auszugleichen (→ Seite 46/47).

Leckerlis sind der Klassiker unter den Belohnungen. Ein gesundes Maß ist jedoch entscheidend, wenn Ihre Katze nicht kugelrund werden soll!

Viel hilft nicht viel!

Setzen Sie Ergänzungsfuttermittel ausschließlich nach dem erforderlichen Bedarf ein:

› Wer hauptsächlich Fertignahrung und nicht mehr als 10 bis 20 % Selbstgekochtes oder BARF anbietet, kommt ohne Zusätze aus.

› Nahrungsergänzungsmittel werden als reine Mineralfutter oder mit Vitaminzusätzen angeboten. Bei Letzteren kann es trotz bedarfsgerechter Dosierung hinsichtlich der Mineralstoffe zu einer Überversorgung mit Vitaminen und demzufolge zu einer Gesundheitsschädigung Ihrer Katze kommen.

› Lassen Sie sich im Zweifelsfall von einem Experten beraten (→ Service, Seite 62).

Nicht zu verwechseln

Auch wenn sie im Regal des Tierfachmarktes oft eng beieinander positioniert sind: Leckerlis sind keine Ergänzungsfuttermittel, sondern dienen alleine der Belohnung Ihrer Katze. Gegen die gelegentliche Gabe dieser meist kalorienhaltigen Dickmacher ist nichts einzuwenden, aber achten Sie bei der Auswahl dennoch auf einen möglichst geringen Fett- und Zuckergehalt. Zudem sollte die normale Futterration entsprechend geringer ausfallen.

Welche Fütterungsmethode passt zu mir?

Allen Diskussionen zum Trotz: Keine der genannten Fütterungsformen sollte als die einzig richtige, gesunde und artgerechte Form der Katzenernährung angesehen werden. Jede Methode, wie sorgfältig Sie diese auch ausführen, hat ihre Vor- und Nachteile. Letztendlich müssen Sie selbst entscheiden, was für Ihre Katze, aber auch für Sie als Halter am besten geeignet und durchführbar ist.

Fertigfutter

Die bedarfsgerechte Zusammensetzung und fertige Zubereitung ist bei kommerziellem Futter ein großer Vorteil. Zudem sind die Produkte gut zu lagern. Beim Fertigungsprozess gehen aber wichtige Inhaltsstoffe verloren, die industriell ersetzt werden müssen. Dies gilt vor allem für Trockenfutter, das nicht nur aufbereitet, sondern zudem getrocknet wird. Dessen geringer Wassergehalt entspricht auch nicht den naturgemäßen Ansprüchen der Katze. Über die Art der verwendeten Zutaten haben Sie bei Fertigfutter keinerlei Kontrolle. Leider gibt es sehr große Qualitätsunterschiede zwischen den Produkten verschiedener Hersteller, worauf beim Kauf sorgfältig zu achten ist.

Selbst gekochte Nahrung

Hierbei bestimmen Sie, welche Zutaten verwendet werden, haben deren Herkunft im Blick und können den Speiseplan Ihrer Katze vielfältiger gestalten. Im Gegensatz zum Barfen können Sie Schweinefleisch und Fisch verwenden. Gekochte Zutaten verderben im Futternapf nicht ganz so schnell wie rohe. Eine Portionierung und Haltbarmachung durch Tiefkühlung ist problemlos möglich. Genaue Kenntnisse zur Rationsgestaltung wie auch zur Nahrungsergänzung sind jedoch erforderlich, da infolge des Kochvorgangs Nährstoffe verloren gehen. Einkauf der Zutaten und Zubereitung der Nahrung erfordern Zeit und Spaß am Kochen.

BARF

Insbesondere wenn ganze Tiere wie Küken oder Mäuse angeboten werden, entspricht diese Fütterungsform der natürlichen Ernährung einer Katze. Bei Verwendung von Rohfleisch ist Ihnen die Herkunft der verwendeten Zutaten bekannt. Dann ist aber auch eine große Sachkenntnis erforderlich, um eine ausgewogene, bedarfsgerechte Ration zusammenzustellen. Der Zeitaufwand ist ebenfalls erheblich.

Gewöhnen Sie Ihre Katze früh an wechselnde Kost, dann muss Ihre Entscheidung nicht endgültig sein! Sie können die einzelnen Methoden auch kombinieren oder nur zu besonderen Anlässen einsetzen.

Katzen sind **keine Vegetarier!**

FLEISCHFRESSER Auch wenn manche Futtermittelhersteller entsprechende Produkte in ihr Sortiment aufgenommen haben, so gilt dennoch: Eine rein vegetarische Ernährung schadet der Katze, da die für sie essenziellen Amino- und Fettsäuren nur im Fleisch enthalten sind. Wer sich eine Katze als Haustier halten will, muss ihr als Beutegreifer eine artgerechte Ernährung bieten!

Tipps für »Katzenköche«

Haben Sie Lust, Ihrer Katze Abwechslung im Futternapf zu bieten? Auf den folgenden Seiten finden Sie Rezepte für Leckerlis, Selbstgekochtes und BARF. Vorneweg allerdings ein paar grundsätzliche Hinweise zu deren Zubereitung:

Gedünstet oder gebraten?

Fleisch oder Fisch kann in selbst gekochten Rationen auf zweierlei Arten zubereitet werden:

Gedünstet Fleisch oder Fisch in einem Topf vollständig mit kaltem Wasser bedecken. Das Wasser sprudelnd aufkochen. Die Temperatur auf die mittlere Stufe herunterschalten und Fleisch oder Fisch in etwa 15–20 Minuten fertig garen.

Gebraten Einen halben bis einen Teelöffel Distel- oder Rapsöl in einer beschichteten Pfanne erhitzen (→ Tipp, Seite 34). Fleisch oder Fisch hineingeben und von beiden Seiten gründlich durchbraten.

Die Beilagen

In einigen Rezepten werden auch Kartoffeln, Nudeln oder Reis verarbeitet. Kochen Sie diese immer zehn Minuten länger als für den Eigenbedarf, damit die enthaltene Stärke aufgeschlossen und von Ihrer Mieze besser verdaut werden kann. Gemüse als Ballaststoffträger wird leicht gedämpft zumeist gut akzeptiert (→ rechte Seite), kann bei heiklen Katzen aber auch weggelassen werden.

Nahrungsergänzung

Ob Selbstgekochtes oder BARF – für eine bedarfsgerechte Versorgung Ihrer Katze sollten Sie folgende Stoffe dem Futter in jedem Fall in der angegebenen Menge zusetzen:

Öle Die Fette in Fleisch und Fisch liefern Ihrer Katze nahezu alle wichtigen Fettsäuren. Ein Teelöffel Öl zusätzlich, ob zum Anbraten oder als Ergänzung, ist dennoch empfehlenswert: Lein-, Walnuss-, Raps- und vor allem Lachsöl sind reich an sogenannten Omega-3-Fettsäuren, die regulierend in Entzündungsprozesse des Körpers eingreifen. Vitamin E ist besonders in Distel-, Weizenkeim- oder Sonnenblumenöl enthalten. Wechseln Sie am besten täglich zwischen diesen Ölen ab!

Kalzium kann ganz einfach in Form von Eierschalen zugesetzt werden (→ rechte Seite).

Mineralfutter ersetzt wichtige Vitamine und Spurenelemente. Die in den Rezepten angegebenen Mengen gelten für Optimix barf®. Alternativ können auch andere Mineralfutter entsprechend den Angaben des Herstellers verwendet werden.

Taurin Der Bedarf der Katze an dieser Aminosäure liegt bei 50 mg/kg Körpergewicht pro Tag.

Lebertran Alle zehn Tage ein halber Teelöffel versorgt Ihre Katze ausreichend mit Vitamin A und D. Überdosierung unbedingt vermeiden!

Die richtige **Aufbewahrung**

SELBSTGEKOCHTES ODER BARF können Sie auch in größeren Mengen zubereiten und portionsweise tiefgefrieren, das spart Arbeit und Zeit. Die Zusatzstoffe allerdings erst kurz vor dem Servieren unter das Futter mischen!

LECKERLIS mit Leberwurst und Fisch sollten Sie unbedingt im Kühlschrank lagern!

EIERSCHALEN liefern reichlich Kalzium, roh verwendet bergen sie jedoch die Gefahr einer Salmonellen-Infektion. Trocknen Sie daher die Schalen für zehn Minuten bei 90° im Backofen, oder verwenden Sie nur die hart gekochter Eier. Im Mörser oder mithilfe eines Pürierstabes können sie dann zu einem feinen Pulver zerrieben und dem Futter problemlos zugesetzt werden. Alternativ gibt es im Zoofachhandel fertiges Eierschalenmehl oder Kalziumkarbonatpulver als Nahrungsergänzung.

GEMÜSE jeglicher Art sollten Sie zunächst klein schneiden oder fein raspeln, mit kochendem Wasser übergießen und für zehn Minuten stehen lassen, bevor Sie es unter die Ration mischen, das steigert die Akzeptanz. Die Vitamine bleiben so erhalten, jedoch wird zudem die Verdaulichkeit der Ballaststoffe erhöht. Das restliche Gemüsewasser können Sie zugeben, bis die von Ihrer Katze gewünschte Konsistenz des Futters erreicht ist!

SPRITZBEUTEL Leckerlis sollten einen Durchmesser von 0,7–1,0 cm haben, größer werden sie nicht so gerne gefressen. Ein Spritzbeutel erleichtert die korrekte Portionierung des Teiges.

Leberwursttropfen

Katzen mögen es deftig! Darum werden feine Leckerlis mit Leberwurst auch besonders gut ankommen!

250 g Leberwurst | 50 g helles Weizenmehl | 2 Eier (Größe M)

Für 1 Backblech
5–7 Min. Zubereitung | 25–30 Min. Backen

1 Den Backofen auf 160° (Umluft 150°) vorheizen.

2 Leberwurst, Mehl und Eier mit dem Handrührgerät zu einem geschmeidigen Teig verarbeiten.

3 Teig in einen Spritzbeutel füllen und damit kleine Tröpfchen (Durchmesser etwa 0,7–1,0 cm) auf das mit Backpapier belegte Backblech spritzen.

4 Im Backofen auf mittlerer Einschubhöhe etwa 30 Minuten knusprig backen.

Lachshappen

Leckerer Wildlachs macht diese Häppchen zu einer besonderen Belohnung für den vierbeinigen Feinschmecker!

250 g Wildlachs | 1 Ei (Größe M) | 80 g Maisgrieß | 50 g helles Dinkelmehl |

Für 1 Backblech
7–10 Min. Zubereitung | 25–30 Min. Backen

1 Den Backofen auf 160° (Umluft 150°) vorheizen.

2 Wildlachs mit dem Stabmixer zu feinem Mousse pürieren. Dann das Ei zugeben und beides mit dem Handrührgerät cremig aufschlagen. Nach und nach Grieß und Dinkelmehl untermengen.

3 Mit einem Spritzbeutel kleine Teigtröpfchen (Durchmesser etwa 0,7–1,0 cm) auf das mit Backpapier belegte Backblech spritzen. Im Backofen auf mittlerer Einschubhöhe etwa 30 Minuten backen.

Huhn-Reis-Schmaus

Einfacher und schneller geht es kaum! Ein Stück Hühnerbrustfleisch, etwas Reis, bei Bedarf auch geraspeltes Gemüse – schon ist es fertig, das Katzengericht. Verteilt auf zwei Portionen am Tag, wird sich Ihre Katze sicher gierig darüber hermachen!

150 g Hühnerbrust (roh abgewogen)
1 St. Möhre oder Zucchini (ca. 25 g)
1 geh. EL sehr weich gekochter Reis (ca. 25 g)
1 TL Öl
2 Msp. zerriebene Eierschale (0,8 g; → Seite 29)
1 Mb. Mineralfutter (0,7 g; → Seite 28)

Tagesmenge für eine Katze mit 4 Kilogramm Körpergewicht
15 Min. Zubereitung

1 Die Hühnerbrust, wie auf Seite 28 beschrieben, zubereiten, abkühlen lassen und in kleine Würfel schneiden.

2 Möhre schälen oder Zucchini waschen und mit einer Muskatreibe fein raspeln.

3 Gemüse mit kochendem Wasser übergießen und 10 Minuten stehen lassen.

4 Reis mit den Gemüseraspeln unter das Fleisch mischen. Anschließend Öl, Eierschale, bei Bedarf auch etwas Gemüsewasser zufügen, vermengen und auf Zimmertemperatur abkühlen lassen.

5 Das Mineralfutter erst unter die abgekühlte Futterration mischen, dann servieren.

TIPP

Folgende Abkürzungen für Maßeinheiten finden in den hier besprochenen Rezepten Verwendung:

Msp. = Messerspitze	Mb. = Messbecher
EL = Esslöffel	TL = Teelöffel
St. = Stück	g = Gramm

Dorsch mit Möhrenpüree

Ein Stück Kabeljau ist bei so mancher Katze überaus beliebt. Kein Problem – solange der Fisch gekocht ist, kann er durchaus öfter den Speiseplan Ihres Stubentigers bereichern. Er liefert hochwertige Eiweiße, aber nur wenige überflüssige Kalorien.

230 g Dorsch bzw. Kabeljau (roh abgewogen)
1 St. Möhre (20–50 g)
1 TL Öl
2 Msp. zerriebene Eierschale (0,8 g; → Seite 29)
1 Mb. Mineralfutter (0,7 g; → Seite 28)

Tagesmenge für eine Katze mit 4 Kilogramm Körpergewicht
15 Min. Zubereitung

1 Den Kabeljau, wie auf Seite 28 beschrieben, zubereiten, abkühlen lassen und in kleine Würfel schneiden, dabei größere Gräten entfernen.

2 Die Möhre schälen, in Scheiben schneiden und 20 Minuten in wenig Wasser weich kochen. Dann mit einer Gabel zerdrücken.

3 Fischwürfel unter das Möhrenpüree heben.

4 Öl, Eierschale und Mineralfutter zugeben, alles gut vermengen und auf Zimmertemperatur abkühlen lassen.

5 Das Mineralfutter erst unter die abgekühlte Futterration mischen. Katzen genießen ihr Feinschmeckermenü am liebsten lauwarm oder auf Zimmertemperatur.

TIPP

Die Geschmäcker sind verschieden: Während manche Katzen mit Vorliebe bis zu 3 cm große Fisch- oder Fleischbrocken abnagen, akzeptieren andere nur sehr kleine Stücke (0,5 cm) oder pürierte Nahrung. Probieren Sie aus, wie es Ihrem Stubentiger am besten schmeckt!

Kartoffelbrei mit Rotbarschhappen

Kartoffelbrei und Fischfilet lassen nicht nur bei Zweibeinern das Wasser im Mund zusammenlaufen. Warum kochen Sie nicht gleich eine Portion für Ihre Katze mit? Hinsichtlich der Zubereitung müssen Sie jedoch auf ein paar Besonderheiten achten.

150 g Rotbarsch (roh abgewogen)
1 St. Zucchini (10 g)
30 g Kartoffelbrei (mit Wasser zubereitet)
1 TL Öl
2 Msp. zerriebene Eierschale (0,6 g; → Seite 29)
½ Mb. Mineralfutter (0,4 g; → Seite 28)

Tagesmenge für eine Katze mit 4 Kilogramm Körpergewicht
20 Min. Zubereitung

1 Den Rotbarsch, wie auf Seite 28 beschrieben, zubereiten, abkühlen lassen und in kleine Würfel schneiden, dabei größere Gräten entfernen.

2 Zucchini waschen und mit einer Muskatreibe fein raspeln.

3 Zucchiniraspel mit kochendem Wasser übergießen und 10 Minuten stehen lassen.

4 Kartoffelbrei, Rotbarsch und Gemüseraspel, bei Bedarf auch etwas Gemüsewasser vermengen.

5 Anschließend Öl und Eierschale untermischen und alles auf Zimmertemperatur abkühlen lassen.

6 Das Mineralfutter erst unter die abgekühlte Futterration mischen, dann servieren.

TIPP

Die Zugabe von Salz ist bei Eigenmischungen nicht unbedingt erforderlich. Allerdings können selbst geringe Mengen (nicht mehr als eine Messerspitze) zu einer deutlich verbesserten Akzeptanz des Futters beitragen.

Nudeln mit Putenbrust

Das magere Fleisch von Pute wie auch Huhn liefert viele hochwertige Eiweißstoffe. Zusammen mit Nudeln und etwas Apfel kann daraus ein Gaumenschmaus für Ihre Katze werden, den Sie ihr ruhig öfter servieren dürfen!

120 g Putenbrust (roh abgewogen)
1 St. Apfel (25 g)
40 g sehr weich gekochte Suppennudeln
1 TL Öl
2 Msp. zerriebene Eierschale (0,8 g; → Seite 29)
1 Mb. Mineralfutter (0,7 g; → Seite 28)

Tagesmenge für eine Katze mit 4 Kilogramm Körpergewicht
15 Min. Zubereitung

1 Die Putenbrust, wie auf Seite 28 beschrieben, zubereiten, abkühlen lassen und in kleine Würfel schneiden.

2 Apfel waschen und mit einer Muskatreibe fein raspeln.

3 Apfelraspel zusammen mit den Nudeln zum Fleisch geben.

4 Anschließend Öl und Eierschale beifügen, alles gut vermischen und auf Zimmertemperatur abkühlen lassen.

5 Dann erst Mineralfutter unter die Futterration mischen und servieren.

TIPP

Sofern Sie Fleisch und Fisch nicht dünsten, sondern je nach Fettgehalt in einem halben oder einem Teelöffel Öl durchbraten, können Sie auf die zusätzliche Gabe von Öl zur Ration verzichten. Verwenden Sie zum Anbraten jedoch ausschließlich Raps- oder Distelöl, da nur diese Sorten entsprechend hitzebeständig sind.

Rinderhackfleisch mit Hirse

Im Gegensatz zu Weizen, Roggen und Gerste ist Hirse glutenfrei, zudem sehr leicht verdaulich und reich an vielen wichtigen Spurenelementen. Damit ist sie die ideale Zutat in Gerichten für Seniorkatzen oder für solche mit Glutenunverträglichkeit.

1 geh. EL Hirseflocken (10 g)
100 g Rinderhackfleisch (roh abgewogen)
1 St. Fenchel (15 g)
½ TL Raps- oder Distelöl
2 Msp. zerriebene Eierschale (0,6 g; → Seite 29)
½ Mb. Mineralfutter (0,4 g; → Seite 28)

Tagesmenge für eine Katze mit 4 Kilogramm Körpergewicht
25 Min. Zubereitung

1 Die Hirseflocken etwa 10 Minuten in 50 ml warmem Wasser einweichen. Fenchel putzen, waschen und in möglichst kleine Stücke schneiden.

2 Öl in einer beschichteten Pfanne erhitzen.

3 Hackfleisch und Fenchel im heißen Öl anbraten und 10–15 Minuten unter Wenden fortbraten, bis das Hackfleisch durch und der Fenchel sehr weich ist. Nach Bedarf etwas Wasser zugeben.

4 Hackfleisch-Fenchel-Mischung mit den Hirseflocken vermengen. Falls Ihre Katze Futter in eher suppiger Konsistenz bevorzugt, können Sie entsprechend Einweichwasser zugeben.

5 Anschließend Eierschale beifügen, alles gut vermischen und auf Zimmertemperatur abkühlen lassen.

6 Dann erst Mineralfutter unter die Futterration mischen und servieren.

Hühnerhals-Schmaus

Knochen roh und in kleinen Mengen dürfen durchaus verfüttert werden, liefern sie doch wertvolles Kalzium!

90 g frisches Rinderhackfleisch oder Rindergulasch (jeweils roh abgewogen)
25 g Hühnerhälse (roh abgewogen)
1 St. Zucchini (25 g)
½ TL Öl
½ Mb. Mineralfutter (0,35 g; → Seite 28)

Tagesmenge für eine Katze mit 4 Kilogramm Körpergewicht
10 Min. Zubereitung

1 Hühnerhälse und eventuell Rindergulasch in kleinere Brocken zerteilen oder durch den Fleischwolf drehen, falls die Katze noch nicht daran gewöhnt ist, größere Stücke zu fressen.

2 Zucchini waschen und mit einer Muskatreibe fein raspeln. Mit kochendem Wasser übergießen und 10 Minuten stehen lassen.

3 Zucchiniraspeln mit Fleisch, Hühnerhälsen, Öl und ggf. Gemüsewasser vermengen. Mineralfutter zufügen, sofort verfüttern oder kühl aufbewahren.

4 Die jeweilige Ration sollte nicht länger als eine halbe Stunde bei Zimmertemperatur stehen bleiben und am selben Tag verfüttert werden!

TIPP

Hühnerhälse erhalten Sie auf Anfrage vom Metzger, ansonsten sind sie auch über das Internet zu beziehen.

Hühnchen-Allerlei

Rohe Hühnerherzen in Stücken befriedigen das Kaubedürfnis Ihrer Katze und sorgen für Beschäftigung.

110 g Hühnerherzen (roh abgewogen)
25 g Hühnerschlegel (roh abgewogen)
1 St. Möhre (25 g)
½ TL Öl
1 Msp. zerriebene Eierschale (0,4 g; → Seite 29)
1 Mb. Mineralfutter (0,7 g; → Seite 28)

Tagesmenge für eine Katze mit 4 Kilogramm Körpergewicht
15 Min. Zubereitung

1 Hühnerschlegel durch den Fleischwolf drehen. Hühnerherzen in kleinere Brocken zerteilen, falls die Katze daran gewöhnt ist, größere Stücke zu fressen. Ansonsten ebenfalls im Fleischwolf zerkleinern.

2 Möhre schälen und mit einer Muskatreibe fein raspeln. Mit kochendem Wasser übergießen und 10 Minuten stehen lassen.

3 Möhrenraspeln mit Hühnchenteilen vermengen.

4 Anschließend Öl und Eierschale, bei Bedarf auch Gemüsewasser beifügen. Mineralfutter zugeben, alles gut vermischen und sofort verfüttern oder kühl aufbewahren.

5 Die jeweilige Ration sollte nicht länger als eine halbe Stunde bei Zimmertemperatur stehen bleiben und am selben Tag verfüttert werden!

Futter für Spezialfälle

Der Nährstoffbedarf unserer Katzen variiert je nach Lebens- und Entwicklungsphase. Daneben können auch verschiedene Krankheiten eine speziell angepasste Ernährung nötig machen. Noch besser wäre es natürlich, einer möglichen Erkrankung mithilfe geeigneter Fütterungsmethoden vorzubeugen!

Ernährung für alle Lebensphasen

Während der Energie- und Nährstoffbedarf ausgewachsener Tiere oftmals über Jahre konstant bleibt, muss die Fütterung während Wachstum und Fortpflanzung wie auch im höheren Alter laufend den veränderten Ansprüchen angepasst werden.

Die trächtige Katze

Die Tragzeit beträgt bei unserer Mieze etwa 65 Tage. Bedingt durch das Wachstum der Embryonen und die zunehmende Ausbildung der Plazenta steigt ihr Energiebedarf bereits ab der zweiten Trächtigkeitswoche kontinuierlich an und ist bis zum Ende gegenüber dem der nichttragenden Tiere um circa 50–70 % erhöht, je nach Größe und Anzahl der Welpen. Tragen Sie dem gesteigerten Appetit der werdenden Katzenmutter Rechnung:

› Bieten Sie nach den ersten 14 Tagen der Trächtigkeit pro Woche 10 % mehr Nahrung an.

› Mehrere kleine Mahlzeiten sind besser, denn die Welpen beanspruchen zunehmend Platz im Bauch!

› Bei qualitativ hochwertigem Futter können Sie auf zusätzliche Vitamin- und Mineralstoffgaben verzichten. Es enthält alle Nährstoffe, die die Katze für sich und ihre heranwachsenden Welpen braucht.

Die säugende Katze

Nach Trächtigkeit und Geburt steht der wahre Kraftakt für den Stoffwechsel erst noch bevor: In der zweiten bis vierten Woche der Säugezeit beträgt der Energiebedarf der säugenden Katze etwa das Vierfache des Normalwertes! In dieser Phase kann Ihre Mieze gar nicht so viel fressen, wie sie eigentlich zu ihrer Versorgung und der ihrer Welpen bräuchte. Sie muss daher auf körpereigene Reserven zurückgreifen. Folgendermaßen können Sie die fürsorgliche Katzenmutter unterstützen:

› Ständiges Nahrungsangebot zur freien Aufnahme
› Das Futter sollte einen hohen Energiegehalt haben (kJ/kg Futter).
› Reduzieren Sie die Menge erst nach dem vollständigen Absetzen der Welpen wieder auf das normale Maß.

Achten Sie zudem auf eine ausreichende Wasseraufnahme, denn der Flüssigkeitsbedarf steigt durch die Milchproduktion deutlich an.

Die erste Nahrung von Kätzchen

Die Erstmilch, mit der die Katze ihre Welpen nach der Geburt versorgt, wird als Kolostrum bezeichnet. Kennzeichnend ist vor allem ein hoher Gehalt an Antikörpern, welche die Neugeborenen vor Infektionskrankheiten schützen, aber nur in den ersten 24 Lebensstunden über die Darmschleimhaut aufgenommen werden können. Danach sinkt der Antikörperspiegel, bis die Katzenmilch etwa fünf Tage nach der Geburt ihre typische Zusammensetzung aufweist. Neben 5 % Fett und 8 % Eiweiß enthält sie auch 7 % Milchzucker (Laktose). Im Gegensatz zu erwachsenen Tieren decken Kätzchen noch bis zu 20 % ihres Energiebedarfs über Laktose. Sollte die Kätzin zu wenig Milch haben oder nicht in der Lage sein, ihre Welpen zu säugen, müssen diese von Hand aufgezogen werden, was eine anstrengende und verantwortungsvolle Aufgabe ist:

› Besorgen Sie spezielle Aufzuchtmilch für Katzen. Kuhmilch mit 3,5 % Fett, 3,3 % Eiweiß und 3,5 % Laktose ist kein adäquater Ersatz!
› Versuchen Sie, die natürlichen Fütterungsintervalle weitestgehend einzuhalten! Kätzchen in der ersten Lebenswoche sollten zwölfmal täglich je 2 Gramm Milch aufnehmen, in der zweiten und dritten achtmal täglich 7 Gramm und ab dann bis zum Absetzen fünfmal täglich etwa 10 Gramm Milch.
› Im Normalfall beleckt die Katzenmutter nach jedem Saugakt den Bauch-, After- und Genitalbereich ihrer Welpen, um den Kot- und Harnabsatz anzuregen. Imitieren Sie dieses Verhalten mit einem Wattebausch!
› Kontrollieren Sie regelmäßig das Körpergewicht Ihrer Pfleglinge.

Die Umstellung auf festes Futter

Die Kätzin säugt ihre Jungen etwa sieben Wochen lang. Häufig beginnen die Welpen aber schon ab der vierten Lebenswoche am Futter ihrer Mutter zu naschen. Dann sollten Sie mit dem Zufüttern beginnen. Bieten Sie zunächst kleine Portionen in flüssig-breiiger Konsistenz an. Trockennahrung muss dementsprechend eingeweicht, das Fleisch für BARF zerkleinert werden. Wird alles zügig und mit Appetit gefressen, können Sie allmählich die Futtermenge steigern und auf festere Nahrungsbestandteile umstellen. Zwischen der siebten und neunten Lebenswoche sollten die Katzenjungen nicht mehr an das Gesäuge der Mutter gehen, sondern ihren hohen Energie- und Nährstoffbedarf nur über das von Ihnen angebotene Futter decken können.

Fertigfutter für alle »Felle«

SPEZIELLE FERTIGFUTTER gibt es für jede Lebens- und Entwicklungsphase. Über manche Angebote darf man sich aber wundern: Langhaarkatzen mit ausgewogener Ration brauchen sicher kein Spezialfutter, so wie auch jede Rassekatze in der Lage sein sollte, Trockenfutter zu zerkleinern. Statt die Krokettenform zu ändern, sollten zu kurze Kiefer eher züchterisch vermieden werden.

TRÄCHTIGKEIT Die Ernährung der trächtigen Katze ist ein Balanceakt. Zum einen braucht sie genügend Nährstoffe, um sich und die noch ungeborenen Welpen angemessen versorgen zu können. Bei einem zu reichlichen Futterangebot wird dagegen Fett in den Geweben angelagert, wodurch später die Geburt erschwert werden kann. Wiegen Sie daher die werdende Katzenmutter regelmäßig. Eine Zunahme des Körpergewichts um 30–40 % bis zum Ende der Trächtigkeit gilt als normal.

KLEINE KÄTZCHEN sollten bei der Geburt zwischen 80 und 120 Gramm wiegen. Bei 12 Mahlzeiten zu je 2 Gramm Milch täglich gelingt es ihnen, ihr Körpergewicht in der ersten Lebenswoche zu verdoppeln. Überprüfen Sie während der Säuge- und Absetzphase am besten täglich die Gewichtszunahme der Katzenkinder. Legen diese wöchentlich etwa 100 Gramm zu, sind sie gesund und entwickeln sich prächtig!

KASTRIERTE KATZEN brauchen energiereduziertes Futter mit einem hohen Anteil an hochwertigen Proteinen, um ihre endgültige Größe zu erreichen und die Stromlinienfigur zu halten.

- Heranwachsende Kätzchen fressen häufig und viel. Bieten Sie darum durchgehend Futter zur freien Aufnahme an!
- Die Welpen dürfen aber auf keinen Fall verdorbene Nahrung erhalten! Nassfutter, ob fertig, selbst gekocht oder gebarft, muss darum regelmäßig ausgewechselt werden.
- Die Ration sollte energiereich und aus hochwertigen Proteinen zusammengesetzt sein. Verwenden Sie bei eigenen Futtermischungen vor allem bindegewebsarmes Fleisch. Zudem benötigen Kätzchen täglich 150 mg Taurin je Kilogramm Körpergewicht.
- Der Bedarf an Vitaminen und Mineralstoffen ist bis zur 10. Lebenswoche um das Zweifache, ab der 30. Lebenswoche um das 1,5-Fache höher als der ausgewachsener Katzen. Selbst zubereitete Rationen müssen dementsprechend ergänzt werden.
- Achten Sie von Anfang an auf Abwechslung im Speiseplan, so bleibt Ihr Kätzchen flexibel!

Schmerzhafte Zähne aufgrund von Zahnstein sind häufig die Ursache einer unzureichenden Futteraufnahme mit deutlichem Gewichtsverlust.

Ernährung kastrierter Katzen

Im Alter von etwa sechs Monaten haben junge Katzen bis zu 60 % ihres Endgewichtes erreicht. Das Körperwachstum verlangsamt sich, demzufolge sinkt der Energiebedarf. Während dieser im Säuge- und Absetzalter doppelt so hoch war wie der erwachsener Katzen, reduziert er sich nun auf das 1,2-Fache. Jetzt wird es Zeit, Ihre junge Katze an bedarfsgerechte Rationen und feste Fütterungszeiten zu gewöhnen! Verteilen Sie die erforderliche Tagesmenge auf zwei, wenn möglich sogar drei Portionen. Meist geht mit der Futterrationierung auch eine Umstellung auf weniger energiereiches Futter einher, denn der Großteil unserer Katzen wird im Alter von sechs bis zwölf Monaten kastriert. Der Wegfall der Geschlechtshormone beeinflusst den Stoffwechsel Ihrer Katze in vielerlei Hinsicht, bezüglich der Ernährung sind aber vor allem zwei Veränderungen entscheidend. Zum einen kommt es schon zwei Tage nach dem Eingriff zu einer deutlichen Steigerung der Futteraufnahme. Kätzinnen nehmen bis zu 18 % und Kater sogar bis zu 26 % mehr Nahrung zu sich. Gleichzeitig verringert sich jedoch ihre Stoffwechselaktivität, weshalb der Energiebedarf um 30 % niedriger ist. Zudem entfällt die kräftezehrende Suche nach potenziellen Sexualpartnern! Kastrierte Tiere sind ruhiger und häuslicher – wie erwünscht! Der sinkende Energiebedarf nach der Kastration bei gleichzeitig erhöhtem Appetit wird unweigerlich zu Übergewicht führen. Beugen Sie dem besser frühzeitig vor:

- Stellen Sie bereits ein bis zwei Wochen vor dem Eingriff auf ein Futter um, das nur wenig Fett, aber viele hochwertige Proteine enthält. So erreicht Ihre Katze rank und schlank ihre endgültige Größe.
- Zusätzliche Ballaststoffe füllen den Magen, ohne viele Kalorien zu liefern.

Seniorenteller

Älter werdende Katzen sind körperlichen Veränderungen unterworfen, welche sich auch auf den Nahrungsbedarf auswirken:

› Der Geruchssinn wie auch die Speichelproduktion in der Maulhöhle lassen nach, wodurch die Nahrung weniger schmackhaft erscheint.

› Die Enzymaktivität der Verdauungsorgane nimmt ab. Insbesondere Proteine, Vitamine und Mineralstoffe können schlechter aufgenommen, verarbeitet und gespeichert werden, weshalb der Bedarf an diesen Stoffen bei alten Tieren höher ist.

› Der Energiegehalt der Nahrung kann dagegen um 20 % gesenkt werden, da ältere Tiere zunehmend geruhsam werden.

› Mangelnde körperliche Aktivität führt auch zu nachlassender Darmbewegung, der Darm wird träge. Da der Nahrungsbrei somit länger im Verdauungstrakt verbleibt, wird ihm mehr Wasser entzogen, das Risiko von Verstopfungen steigt.

Geben Sie Ihrem Senioren also nicht einfach etwas weniger von seinem bisherigen Futter, sondern passen Sie die Ration altersgerecht an:

› Erwärmen des Futters und schmackhafte Zusätze wie Leber regen den Appetit an.

› Passen Sie die Futterzusätze dem erhöhten Bedarf an. Neben Vitaminen und Mineralien sind vor allem Omega-3-Fettsäuren wichtig, die das Immunsystem wie auch die Nierenfunktion stärken.

› Reduzieren Sie den Fettgehalt der Nahrung, aber achten Sie auf einen hohen Anteil hochwertiger, gut verdaulicher Proteine!

› Ein erhöhter Gehalt an Ballaststoffen regt die Darmbewegungen an.

› Nassfutter mindert das Risiko von Austrocknung, Verstopfung und der Bildung von Harnsteinen.

› Achten Sie auf die Wasseraufnahme Ihrer Katze!

Das Verhalten von **Katzensenioren**

TIPPS VOM KATZEN-EXPERTEN
Michael Streicher

Nicht immer ist es einfach zu erkennen, ab wann auf den Seniorenteller umgestellt werden muss. Denn manche Katzen sind noch mit 15 Jahren springlebendig, andere gehören im Alter von zehn Jahren schon zu den Greisen.

RUHE UND GELASSENHEIT Ältere Katzen wollen keine Aufregungen mehr, sondern vor allem viel Ruhe und Schlaf an einem sicheren Plätzchen. Schaffen Sie Rückzugsmöglichkeiten!

ANHÄNGLICHKEIT Streicheleinheiten sind jetzt gefragter denn je. Nehmen Sie sich also genügend Zeit für Ihren Schmusetiger!

BEWEGUNGSUNLUST Katzen mit Freigang streifen in höherem Alter weniger durch die Nachbarschaft, schon gar nicht bei schlechtem Wetter. Bei Wohnungskatzen werden die Spielphasen deutlich kürzer. Altersbedingte Gelenkveränderungen können die Beweglichkeit zusätzlich mehr oder weniger stark einschränken.

GEWOHNHEITSTIERE Der gewohnte Tagesablauf gibt Sicherheit. Veränderungen unerwünscht!

Nahrung als Krankheitsauslöser

Oft genügen schon Kleinigkeiten, um das für Ihre Katze sorgsam zubereitete Futter unbekömmlich zu machen. Andere Stoffe sind dagegen gar nicht so schädlich wie allgemein befürchtet.

Gewürze

Im Gegensatz zu uns Zweibeinern machen Gewürze die Nahrung für Katzen nicht unbedingt schmackhafter. Im Gegenteil: Viele lehnen den Verzehr der intensiv riechenden Substanzen strikt ab. Das ist auch besser so. Scharfe (Pfeffer, Chili) oder bittere (Lorbeer, Majoran) Gewürze lösen massives Speicheln aus, solche mit einem hohen Anteil an ätherischen Ölen führen zu schweren Unverträglichkeitsreaktionen. Neben Durchfall und Erbrechen können auch Nierenversagen, Kreislaufkollaps, Lahmheitserscheinungen und sogar Bewusstseinsstörungen auftreten. Zwiebeln und Knoblauch, auch als Granulat, sind für Katzen tabu (→ Seite 23).

Wer kann da schon Nein sagen? Sollten Sie aber, um Ihrer Katze das »Betteln« nicht erst anzugewöhnen.

Salz

Salz hingegen nehmen unsere Stubentiger liebend gerne auf. Deswegen wird es von einigen Herstellern in größeren Mengen den Fertigfuttermitteln zugemischt, um deren Akzeptanz zu verbessern. Ohne Salz wäre menschliches und tierisches Leben nicht möglich, ist es doch an fast allen Stoffwechselvorgängen im Körper beteiligt. Ein Zuviel an Salz führt aber auch bei Katzen zu Bluthochdruck und wirkt sich negativ auf das Herz-Kreislauf-System aus. Verwenden Sie es daher nur sehr sparsam!

Zucker

Zucker in Katzennahrung – für viele Tierhalter ein »rotes Tuch«. Um die Diskussion hierüber auf eine sachliche Grundlage zu stellen, möchte ich Ihnen zunächst folgende Punkte erläutern:

Zucker und Kohlenhydrate Fertignahrung mit einem hohen Kohlenhydratanteil enthält vor allem

Stärke aus Mais oder Weizen. Diese dient als »Kleber«, um beispielsweise der Trockennahrung die typische Krokettenform zu verleihen. Stärke, eine Speicherform von Kohlenhydraten, darf jedoch nicht gleichgesetzt werden mit der Saccharose, die aus Zuckerrüben oder Zuckerrohr gewonnen wird und die wir im engeren Sinn als Zucker bezeichnen. Von dieser ist im Fertigfutter jedoch weitaus weniger enthalten, als oftmals befürchtet wird.

Zucker und Katze Die Saccharose ist für Katzen nicht im gleichen Maße schädlich wie für uns Menschen. Sie begünstigt keine Karies, da entstehende Säuren im spezifischen Milieu der Maulhöhle sofort neutralisiert werden. Außerdem kommen dort entsprechende Bakterien, die Saccharose in Säure umwandeln, kaum vor.

Katzen schöpfen ihre Energie aus Proteinen und Fetten. Zucker wird im Gegensatz zum Menschen und zu anderen Tieren nicht aus dem Blut in die Leber aufgenommen und in eine Speicherform überführt. Bislang konnten in wissenschaftlichen Studien auch noch keine Hinweise dafür gefunden werden, dass Zucker bei der Entstehung von Übergewicht und Diabetes eine tragende Rolle spielt. Die alles entscheidende Frage ist aber, ob die Verfütterung von Kohlenhydraten und damit auch von Zucker an einen Fleischfresser Sinn macht? Die Antwort hierauf lautet definitiv: Nein!

› Auch wenn Katzen Kohlenhydrate besser verdauen können als bisher angenommen, sind sie dennoch darauf spezialisiert, die benötigte Energie aus Proteinen und Fetten zu gewinnen. Nur diese enthalten auch alle für sie essenziellen Amino- und Fettsäuren in ausreichender Menge.

› Die Zugabe von Saccharose macht Ihrer Katze die Nahrung nicht schmackhafter. Denn sie kann die Geschmacksrichtung »süß« nicht wahrnehmen!

Ein Stück Wurst macht weder krank noch dick. Besser ist es aber, die Katze gar nicht erst auf den Geschmack zu bringen!

Milch

Milch ist kein Durstlöscher, sondern ein kalorienhaltiges Nahrungsmittel, das die meisten erwachsenen Katzen zudem kaum verdauen können. Denn im Gegensatz zu den Welpen verfügen sie nicht mehr in ausreichendem Maße über das Enzym Laktase, welches für den Abbau von Milchzucker erforderlich ist. Dieser wird dann im Darm durch Bakterien vergoren, schwere und oftmals lang anhaltende Durchfälle können die Folge sein.

Überangebot

Bis zu 50 % unserer Hauskatzen sind zu dick. Auslöser hierfür ist weniger die Zusammensetzung der Nahrung als vielmehr das ständige Überangebot durch uns Halter. Auch Katzen leiden mittlerweile, wie wir Menschen, an einer Vielzahl von »Wohlstandskrankheiten«, die es bei weniger reichlich gedecktem Tisch nicht geben würde (→ Seite 52).

Diätfutter für Katzen

Die Bezeichnung Diät steht nicht nur für eine sogenannte Abmagerungskur, sondern auch für eine besondere Ernährungsform zur unterstützenden Behandlung von Erkrankungen oder zu deren Vorbeugung. Für unsere Katzen steht im Fachhandel eine ganze Reihe Diätfuttermittel zur Verfügung, deren Zusammenstellung exakt auf die jeweiligen Bedürfnisse der betroffenen Tiere abgestimmt ist. Entscheidend für den sinnvollen Einsatz ist, dass sie nur bei gegebenem Anlass und in Rücksprache mit Ihrem Tierarzt gegeben werden. Leider ist es bei vielen Diäten sehr schwierig, diese selber herzustellen, sei es, weil entsprechende Anleitungen für die Zubereitung fehlen oder Sie die erforderlichen Zutaten nicht bekommen können. Lassen Sie sich in diesen Fällen also besser von einem speziell geschulten Fachtierarzt für Tierernährung und Diätetik beraten. Nachfolgend möchte ich Ihnen die häufigsten Erkrankungen vorstellen, deren Verlauf und Auswirkungen mit der Auswahl bestimmter Diäten positiv beeinflusst werden können.

Meine Katze **frisst nichts!**

INAPPETENZ, also die fehlende Futteraufnahme, kann besonders bei gut genährten Katzen rasch zu einer gefährlichen Stoffwechselentgleisung führen.

WAS TUN? Eine Katze kann man nicht zum Fressen zwingen. Spätestens nach 24 Stunden Futterverweigerung sollten Sie einen Tierarzt aufsuchen, damit dieser nach der Ursache suchen und geeignete Maßnahmen ergreifen kann!

Arthrose

Die Arthrose der Katze ist eine Alterserkrankung, bei der es durch Verschleißerscheinungen in den Gelenken zu einem irreparablen Knorpelabrieb kommt. Beim Versuch des Organismus, die im Gelenk entstandenen Entzündungen wie auch die Veränderungen im Knorpelbereich zu reparieren, wird neuer Knochen gebildet, der wiederum zu Irritationen im Gelenk führt und somit die eigentliche Problematik noch verstärkt. Einige im Fachhandel oder beim Tierarzt erhältliche Nahrungszusätze können jedoch helfen, die chronischen Entzündungsreaktionen im Gelenk dauerhaft zu reduzieren und Linderung zu schaffen:

- Chondroitinsulfat, Omega-3-Fettsäuren und Antioxidantien beispielsweise bewirken eine Hemmung der im Gelenk sitzenden, entzündungsauslösenden körpereigenen Zellen.
- Auch die Verfütterung der neuseeländischen Grünlippmuschel kann im Vorfeld einer Arthrose den Gelenkstoffwechsel mit ihren für den Knorpel und die Gelenkflüssigkeit wichtigen Substanzen günstig beeinflussen.

Mittlerweile gibt es im Handel Fertigfuttermittel, die alle gelenkschützenden, knorpelregenerierenden und entzündungshemmenden Substanzen enthalten und somit zu einer besseren Beweglichkeit bei Katzen mit Arthrosen beitragen können.

Allergien

Die Futtermittelallergie ist neben der Flohspeichelallergie die häufigste Ursache für Hauterkrankungen bei der Katze. Weitere Auslöser können Pollen und Hausstaubmilben sein. Typische Symptome treten oftmals erst einige Tage nach der Nahrungsaufnahme auf und äußern sich als juckende Hautpartien im Bereich von Kopf oder Hals, gelegentlich auch am gesamten Körper. Futterzusätze oder generell Fertigfuttermittel für das Vorkommen von Allergien verantwortlich zu machen ist ein Irrglaube. Ob eigene oder kommerzielle Mischungen: Grundsätzlich kann jedes tierische Eiweiß allergen wirken, Kohlenhydrate hingegen tun dies weitaus weniger. Entscheidend für die Therapie ist, den Futterbestandteil wegzulassen, der für die Allergie verantwortlich ist.

Ausschluss- oder Eliminationsdiät Hierbei wird jeweils nur eine Eiweiß- und eine Kohlenhydratquelle über zwölf Wochen gefüttert. Sind nach dieser Zeit keine Hautveränderungen mehr vorhanden, können Sie sicher davon ausgehen, dass es sich tatsächlich um eine Futtermittelallergie handelt, aber die beiden verwendeten Zutaten bei Ihrer Katze nicht allergen wirken. Geben Sie dann nach und nach weitere Komponenten ins Futter. Sobald erneut Symptome auftreten, haben Sie das Allergen identifiziert und können es zukünftig bei der Futterauswahl vermeiden. Diese Methode erfordert von Ihnen als Besitzer strikte Einhaltung, was insbesondere bei Freigängern schwierig ist, da diese häufig bei den Nachbarskatzen naschen. Außerdem sollte die Diät nicht länger als zwölf Wochen anhalten, da sie sonst zu Mangelerscheinungen führen wird.

Hydrolysierte Proteine Eine Alternative sind kommerzielle Diätfuttermittel mit hydrolysierten Proteinen. Diese Eiweiße sind in ihrer Struktur verändert und können dadurch keine Allergien mehr auslösen. Der große Vorteil gegenüber dem vorher beschriebenen Ausschlussverfahren ist, dass derartiges Futter alle Bausteine enthält, die für eine ausgewogene Ernährung wichtig sind!

Darmerkrankungen

Chronische Darmentzündungen aufgrund von allergischen, viralen oder bakteriellen Reizungen der Darmschleimhaut sind die häufigsten Gründe für anhaltende Durchfälle. Betroffene Katzen zeigen meist eine verminderte Nahrungsaufnahme. Geben Sie Ihrem Liebling kleine Portionen, aber dafür

Nicht nur Flöhe, auch eine Futtermittelallergie kann der Grund dafür sein, wenn sich Ihre Katze häufig am Kopf kratzt.

mehrmals täglich – das entlastet den Darm. Die Nahrung darf durchaus fettreich sein, dadurch vermeiden Sie einen zu großen Gewichtsverlust.

Bauchspeicheldrüsenentzündung

Die Bauchspeicheldrüse ist funktionell in zwei Bereiche gegliedert. In einem werden Verdauungsenzyme zur Spaltung von Eiweißen, Fetten und Kohlenhydraten gebildet, der andere produziert das Hormon Insulin, welches den Blutzuckerspiegel reguliert. Die Ursachen einer Bauchspeicheldrüsenentzündung sind leider oftmals nicht zu klären, als Folgen treten je nach betroffener Region Verdauungsprobleme oder sogar die Zuckerkrankheit auf (→ unten). Wenn die Nahrung aufgrund fehlender Enzymproduktion nicht mehr in ihre Bestandteile aufgeschlossen werden kann, kommt es zu Durchfällen und einem massiven Gewichtsverlust der erkrankten Katze.

› Die betroffenen Tiere können durch die Gabe von Ersatzpräparaten, den Bauchspeicheldrüsenenzymen von Schweinen oder Rindern, langfristig erfolgreich therapiert werden. Mischen Sie das Pulver einfach unter das herkömmliche Futter!

› In den meisten Fällen braucht Ihre Katze keine gezielt fettarme Diät.

› Eine Verringerung des Rohfaseranteils kann sich günstig auf den Verlauf der Entzündung auswirken.

Bei Zuckerkrankheit, Schilddrüsenüberfunktion oder Nierenerkrankung trinkt Ihre Katze deutlich mehr.

Zuckerkrankheit

Diabetes mellitus, insbesondere der Typ-2, ist eine der häufigsten Stoffwechselerkrankungen unserer Katzen. Dabei sprechen die Körperzellen immer weniger auf das zunächst noch ausreichend von der Bauchspeicheldrüse ausgeschüttete Insulin an. Nach anfänglich gesteigerter Abgabe kommt die Hormonproduktion der Bauchspeicheldrüse im weiteren Verlauf zunehmend zum Erliegen, das Insulin wird knapp. Meist sind ältere, kastrierte und übergewichtige Tiere betroffen. Der bei Katzen seltene Typ-1-Diabetes entsteht dagegen durch eine immunbedingte Zerstörung der hormonbildenden Zellen. Insulin reguliert die Aufnahme von Glukose aus dem Blut in die Körperzellen, die daraus Energie gewinnen. Verbleibt sie ungenutzt in der Blutbahn, sind schwere Stoffwechselstörungen die Folge. Eine Therapie ohne die tägliche Insulingabe ist meist nicht möglich, Diätfutter kann jedoch den Erkrankungsverlauf zusätzlich positiv beeinflussen:

› Achten Sie darauf, dass die Nahrung einen hohen Proteingehalt zur Deckung des Energiebedarfs aufweist. Stärke sollte besser gar nicht enthalten sein, da deren Spaltung zu einem verstärkten Anstieg der Glukose im Blut führen würde.
› Da viele diabetische Katzen Übergewicht haben, sollten Sie Ihrem Liebling nur Futter mit einem reduzierten Fettgehalt anbieten.
› Auf die Gabe kohlenhydratreicher Leckerchen müssen Sie unbedingt verzichten!

Chronische Niereninsuffizienz

Die allgemein bekannteste Funktion der Niere ist die Entsorgung giftiger Abfallprodukte aus dem Eiweißstoffwechsel, welche als Harnstoff und Kreatinin über den Harn ausgeschieden werden. Die chronische Niereninsuffizienz kann bei der Katze schon ab einem Alter von sieben Jahren auftreten. Sie ist durch einen fortschreitenden Verlust der Filterkapazität der Nieren und demzufolge durch einen Anstieg der auszuscheidenden Stoffe im Blut gekennzeichnet. Der ebenfalls erhöhte Phosphatwert verursacht hormonelle Störungen, die eine Entkalkung der Knochen bewirken können. Zudem ist der Fettstoffwechsel der nierenkranken Katze beeinträchtigt, sodass es zu einem Cholesterin- und Fettsäureanstieg im Blut kommt. Das Fortschreiten der Erkrankung kann durch folgende diätetische Maßnahmen hinausgezögert werden:
› Eine Eiweißreduktion in der Nahrung ist notwendig, sollte jedoch nur in Maßen erfolgen, da sonst das Futter an Schmackhaftigkeit verliert und der Körper die fehlenden Proteine durch Eiweißabbau aus der Muskulatur bereitstellen muss.
› Achten Sie auf eine phosphatarme Diät! Im Handel sind auch bestimmte Substanzen erhältlich, die mit den Phosphaten des Futters chemische Komplexe bilden, die vom Körper nicht aufgenommen werden können (sogenannte Phosphatbinder).
› Ungesättigte Fettsäuren sollten im Nierendiätfutter reichlich enthalten sein. Nicht nur, dass sie grundsätzlich den Fettstoffwechsel positiv beeinflussen, durch die Omega-3-Fettsäuren werden zudem die begleitenden Entzündungsreaktionen gemindert und die Nierenfunktionen verbessert.
› Kommerzielle Nierendiäten enthalten zudem Flavanole, spezielle, nur in Pflanzen vorkommende Aminosäuren, denen eine Schutzfunktion für das entzündete Nierengewebe zugesprochen wird.

Ist das Katzenklo häufiger nass? Diabetes und Niereninsuffizienz sind nur zwei mögliche Ursachen! Suchen Sie schnellstmöglich einen Tierarzt auf!

Harnwegserkrankungen

Die häufigste Erkrankung der ableitenden Harnwege ist bei unseren Katzen die Harnsteinkrankheit. Dabei lagern sich im Harn gelöste Stoffe zunächst zu kleinen Kristallen zusammen, aus denen wiederum größere Steine entstehen können.

Diese führen zu Irritationen in Nieren und Blase, im schlimmsten Fall auch zu Verlegungen der Harnröhre mit entsprechenden Absatzstörungen. Schwere Krankheitsverläufe mit weit reichender Beeinträchtigung aller Harnorgane, aber auch des gesamten Organismus sind dann die Folge.

› Entsprechende Diätfuttermittel (→ Seite 55) beeinflussen die Zusammensetzung des Harns dahingehend, dass bestimmte Voraussetzungen für die Steinbildung nicht mehr gegeben sind.

› Zudem regt ein geringfügig höherer Kochsalzgehalt die Wasseraufnahme der Katze an, womit sich der Harn zusätzlich verdünnt.

Herzinsuffizienz

Die Herzinsuffizienz stellt eine Minderfunktion der Herzleistung dar. Das geschädigte Herz ist nur noch bedingt in der Lage, das Blut in alle Organe und Gewebe des Organismus zu pumpen. Betroffene Katzen sind oft müde, bewegen sich nur wenig und können im schlimmsten Fall schwerwiegende und lebensbedrohliche Atemprobleme entwickeln. Die Verabreichung von Medikamenten ist überlebenswichtig. Übergewicht stellt für eine herzkranke Katze eine zusätzliche Bedrohung dar: Je dicker eine Katze, desto höher der Bedarf an Sauerstoff bei körperlicher Belastung und desto mehr muss das Herz zu dessen Bereitstellung pumpen. Das bereits geschädigte Organ wird dadurch weiter in Mitleidenschaft gezogen – ein Teufelskreis! Nur noch eine Gewichtsreduktion kann das geschwächte Herz entlasten (→ Seite 56/57).

Ältere Katzen brauchen viel Schlaf. Wirken sie zudem matt und abgekämpft, könnte eine Herzinsuffizienz zugrunde liegen.

Lebererkrankungen

Die Leber stellt die größte Drüse Ihrer Katze dar und ist das zentrale Stoffwechselorgan mit einer Vielzahl unterschiedlichster Funktionen. In ihr werden Substanzen für die Verdauung und Speicherung von Nährstoffen gebildet sowie Giftstoffe neutralisiert und ausgeschieden. Schädigungen der Leber, wie sie durch Infektionskrankheiten, Stoffwechselstörungen oder Tumore verursacht werden können, führen zu einer schweren Beeinträchtigung des Allgemeinbefindens. Betroffene Katzen müssen häufig stationär von einem Tierarzt betreut werden. Die meisten von ihnen sind appetitlos und nur mit Mühe für die Nahrungsaufnahme zu begeistern. Umso wichtiger ist es, dass das angebotene Futter lecker und sehr nahrhaft ist. Außerdem hat eine Diät die Aufgabe, das Lebergewebe in seiner Regenerationsfähigkeit zu unterstützen und mögliche stoffwechselbedingte Komplikationen abzufangen:

› Da der Organismus unserer Katzen auf eine ungenügende Nahrungsaufnahme immer mit einem gesteigerten Eiweißabbau in der Muskulatur und in anderen Geweben reagiert, sollte das Futter reich an hochwertigen Proteinen sein, welche Ihren Liebling mit ausreichend Energie versorgen.

› Die zusätzliche Gabe von Zink verhindert nicht nur neurologische Störungen, sondern schützt die Leber auch vor weiteren schädlichen Einflüssen, wie beispielsweise der übermäßigen Einlagerung von Kupfer, welche die Funktion der Leberzellen noch zusätzlich beeinträchtigen würden.

› Vom Menschen her weiß man, dass Lebererkrankungen zu einem Mangel an fettlöslichen Vitaminen und denen des B-Komplexes führen. Auch ohne derartige wissenschaftliche Belege für die Katze ist es ratsam, diese Substanzen über das Futter zuzuführen. Eine Vielzahl unterschiedlichster Präparate ist dazu im Fachhandel erhältlich. Grundsätzlich ist die Leberdiät bei Katzen jedoch immer genau auf den Einzelfall abzustimmen und hängt in ihrer Zusammensetzung jeweils von der Ursache und Schwere der Erkrankung ab.

Tumorerkrankungen

Viele Tumore besitzen einen starken Stoffwechsel, was dazu führt, dass betroffene Katzen recht schnell abmagern. Bei gleichzeitig verringerter Futteraufnahme kann man förmlich zusehen, wie die Katze von Tag zu Tag an Gewicht verliert. Da nicht jeder Tumor operabel oder nur mit einer sehr schlechten Prognose verbunden ist, eine Operation auch nicht immer gewünscht wird, stellt die Erhaltung der bestmöglichen Lebensqualität in vielen Fällen die einzig mögliche Behandlung dar.

› Bieten Sie Ihrer Katze ein hoch schmackhaftes und sehr kalorienhaltiges Futter an.

› Schwierig wird es, wenn der Patient bereits den Appetit verloren hat. Lassen Sie Ihren Liebling in diesem Fall alles fressen, was ihm schmeckt.

› Tumore, die den Darm einengen, führen allerdings zu einer gestörten Passage des Futterbreis. Durch einen hohen Wassergehalt oder die zusätzliche Gabe von Paraffinöl kann die Nahrung gleitfähiger gemacht werden.

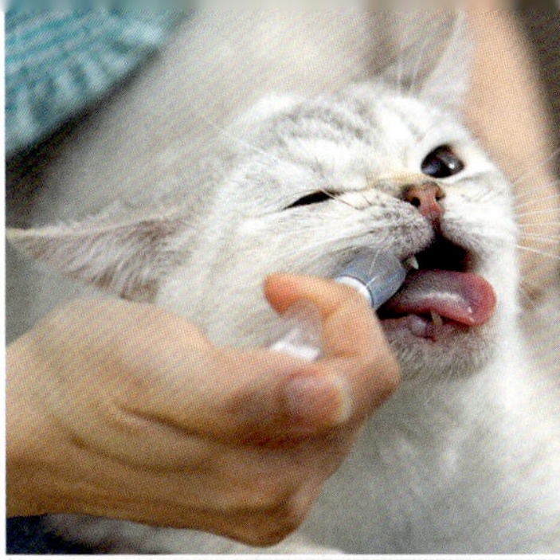

1 Fühlt sich Ihre Katze zu schwach, um selbst Wasser aufzunehmen, können Sie ihr mit einer Spritze ohne Kanüle kleine Mengen in das Maul eingeben.

2 Versuchen Sie, Ihre kranke Katze mit Futterbällchen, die Sie ihr vorsichtig in das Maul legen, zum Fressen zu animieren. Sonst muss der Tierarzt helfen!

Während der Genesung

Die Diät nach schweren Operationen und langwierigen Erkrankungen zielt darauf ab, die Funktion der Körperorgane und den Wiederaufbau von Muskelmasse zu unterstützen. Dementsprechend sollten Sie auch hier hinsichtlich der Ernährung auf Schmackhaftigkeit und hohe Kaloriendichte achten. Anders als bei unheilbaren Tumorerkrankungen darf Ihr Liebling jedoch nur fressen, was seiner Genesung und nachfolgend einem langen und erfülltem Leben zuträglich ist. Eine gute Akzeptanz des Futters erreicht man durch einen hohen Fettgehalt, der zusätzliche Kalorien bringt und somit Ihrer Katze schnellstmöglich wieder auf ihre vier Pfoten hilft.

Vorbeugen ist besser als heilen!

Was gibt es Besseres, als die Gesundheit unserer Katzen durch die Auswahl der richtigen Ernährung positiv zu beeinflussen! Doch was genau können Sie dafür tun? Kaum einer unserer behüteten Stubentiger ist heutzutage noch von Mangelerscheinungen betroffen, weil er zu wenig oder die falsche Nahrung zum Fressen bekommt. Das weitaus größere Problem stellt vielmehr ein überreiches Futterangebot dar. Dieses verursacht Übergewicht, der Hauptrisikofaktor für viele weitere Erkrankungen.

Übergewicht

Zu wenig Bewegung, ein ständig voller Futternapf und die Gabe von zu vielen Leckerchen führen auch bei der Katze zu Übergewicht. Zu dessen Vermeidung braucht man kein Spezialfutter, sondern nur die richtige Menge einer ausgewogenen Katzennahrung. Was aber ist die richtige Menge? Wer glaubt, dass sein Vierbeiner nur so viel Nahrung aufnimmt, wie er tatsächlich benötigt, der irrt. Bei erwachsenen Tieren sollten doch besser Sie

Ausreichend Bewegung mit Spiel und Spaß sorgt nicht nur für eine ausgeglichene und glückliche Katze, sondern beugt auch Übergewicht und den damit verbundenen Erkrankungen vor.

die Ration zuteilen. Als grober Richtwert gilt, dass eine Katze mit 4 Kilogramm Körpergewicht etwa 120–200 Gramm Futter täglich bekommen sollte. Dessen Verwertung hängt jedoch von vielen individuellen Faktoren ab, weswegen jeder Besitzer das Körpergewicht seiner Katze im Auge behalten und regelmäßig kontrollieren sollte (→ Seite 10/11). Denn Übergewicht ist nicht allein ein Schönheitsfehler!
Bei Arthrose beispielsweise geraten betroffene Tiere, die gleichzeitig zu schwer sind, in einen Teufelskreis: Durch die Schmerzen der altersbedingten Gelenkveränderungen bewegen sie sich weniger, nehmen aber meist die gleiche Menge, oder aus Langeweile sogar mehr Futter auf. Der zwangsläufige Anstieg des Körpergewichts belastet die schmerzhaften Gelenke noch mehr und verstärkt damit die Bewegungsunlust. Normalgewichtige Katzen sind zwar vor Arthrosen nicht gefeit, doch schreiten diese langsamer voran.
Mittlerweile weiß man auch, dass für die Entstehung der Zuckerkrankheit bei unseren Stubentigern weniger die übermäßige Zufuhr von Zuckern oder Kohlenhydraten, sondern eher ein Zuviel an Körpermasse entscheidend ist.
Nicht nur übergewichtige Menschen kommen schnell außer Atem, sondern auch Katzen. Bei bereits bestehenden Herz- oder Asthmaerkrankungen sind Kreislaufprobleme vorprogrammiert.

Verstopfung

Bei fehlender Bewegung wird auch der Darm träge. Von Verstopfungen, den sogenannten Obstipationen, sind daher vor allem ältere und übergewichtige Katzen betroffen. Vorübergehende Abhilfe können folgende Futterzusätze schaffen:

› Die Lactulose, als feines weißes Pulver im Handel erhältlich, wird synthetisch aus Milchzucker gewonnen, kann im Gegensatz zu diesem aber nicht vom Körper verwertet werden. Sie verbleibt im Darm, bindet dort Wasser und macht den Kot weicher. Abbauprodukte der Lactulose, die im Dickdarm unter Einwirkung von Bakterien entstehen, regen zudem die Darmbewegung an.

Mischen Sie Haferkleie und Hefeflocken zu gleichen Teilen, und geben Sie täglich einen halben Teelöffel davon in das Futter – das hilft gegen Verstopfungen.

› Eine ganz ähnliche Wirkung haben auch die unverdaulichen Pflanzenfasern von Haferkleie oder Hefeflocken, welche ebenfalls im Darm aufquellen und die Peristaltik fördern.

› Das geschmacksneutrale Paraffinöl macht dagegen als »Schmiermittel« den Kot gleitfähiger. Sonnenblumen- oder Olivenöl werden stattdessen bereits in den vorderen Darmabschnitten vom Organismus aufgenommen und tragen damit nicht zur Verbesserung der Verstopfung bei.

Auf lange Sicht kann jedoch nur eine Gewichtsreduktion (→ Seite 56) und ausreichend Bewegung Verstopfungen vorbeugen.

Zahnstein

Wäre das nicht schön? Ein Futter, das die Zahnsteinbildung verringert oder sogar gänzlich verhindert? Zu diesem Zweck haben verschiedene Hersteller Produkte auf den Markt gebracht, die entweder durch ihre spezielle Textur oder geeignete Zusatzstoffe zahnpflegend wirken sollen. Bei den sogenannten »Kibbles« handelt es sich beispielsweise um Trockenfutterstücke in bestimmter Form und Größe, welche die Katze vor dem Hinunterschlucken zerkauen muss. Faserige Inhaltsstoffe sollen dabei die Oberfläche der Zähne reinigen. Spezielle Zusatzstoffe wie Lysozym, Lactoferrin oder Zink wirken zudem antibakteriell und entzündungshemmend. Auf den mechanischen Abrieb setzen auch überzeugte Rohfleischfütterer, die ihren Tieren größere Stücke von Herz und Magen anbieten. Hierbei soll der hohe Muskelfaseranteil dieser Innereien dem Zahnbelag zu Leibe rücken. Da das Katzengebiss von Natur aus aber mehr auf Beißen und Reißen und weniger auf Kauen ausgerichtet ist, bleibt die zahnreinigende Wirkung aller genannten Futtermittel weit hinter der des täglichen Zähneputzens zurück. Für die Entfernung von Zahnbelag genügt oft schon die Verwendung einer geeigneten Zahnbürste (Zoofachhandel), speziell für die Katze entwickelte Zahncremes ergänzen die mechanische noch durch eine chemische Reinigung. Auf keinen Fall dürfen Sie Präparate verwenden, die für den menschlichen Bedarf konzipiert sind. Neben einem überhohen Fluoridgehalt sind auch die reichlich zugesetzten ätherischen Öle und schäumenden Inhaltsstoffe für unsere Katzen schädlich. Zugegeben: So mancher Stubentiger wird sich gegen eine derartige Form der Körperhygiene zur Wehr setzen. Angesichts der zum Teil schweren Folgeerscheinungen von Zahnstein wäre es aber einen Versuch wert!

Haarballenbildung

Etwa dreieinhalb Stunden pro Tag verbringt Ihre Katze durchschnittlich mit Putzen, wobei viele Haare an der rauen Zunge hängen bleiben. Diese werden abgeschluckt und gelangen so in den Magen. Dort können sie aber nicht zersetzt werden, sondern lagern sich infolge der Magenbewegungen zu mehr oder weniger großen Ballen zusammen.

Malzpaste als »Medikament« zur Vorbeugung von Haarballen wird von den meisten Katzen gerne aufgenommen.

Im harmlosesten Fall werden diese erbrochen, oftmals nach dem Genuss von Katzengras oder anderer Pflanzenteile. Gelangen sie dagegen bis in den Darm, können Verstopfungen oder gar ein Darmverschluss die Folge sein. Vermeidbar ist die Bildung von Haarballen durch die Gabe spezieller Pasten, wie beispielsweise der Malzpaste. Diese bilden einen Film um die abgeschluckten Haare, der das weitere Verklumpen verhindert. Eine problemlose Passage durch den Darm und Ausscheidung über den Kot ist somit möglich.

Harnkristalle und Harnsteine

Bei der Vorbeugung wie auch der Therapie von Harnkristallen spielt die aufgenommene Wassermenge eine bedeutende Rolle. Je mehr eine Katze trinkt, desto mehr Harn produziert sie und desto geringer ist das Risiko für die Ausfällung harnsteinbildender Substanzen. Doch was tun, wenn Ihr Stubentiger bevorzugt Trockenfutter frisst? Aufgrund des geringen Wassergehalts dieser Nahrung trinken die Katzen häufiger. Da ein Großteil der Flüssigkeit jedoch dazu verwendet wird, das Futter im Magen einzuweichen, ist die dem Organismus tatsächlich zur Verfügung stehende Wassermenge geringer als bei anders ernährten Tieren. Ist deswegen Trockenfutter prinzipiell schlechter als Nassfutter? Abgesehen von dem Feuchtigkeitsgehalt im Katzenfutter wird die Wasseraufnahme auch noch durch dessen Inhaltsstoffe bestimmt. Ein hoher Anteil an Eiweißen führt über eine Erhöhung der Harnstoffkonzentration (Harnstoff als Endprodukt des Eiweißstoffwechsels) im Blut zu einer zusätzlichen Steigerung der Wasseraufnahme. Durch die Auswahl eines qualitativ hochwertigen Trockenfutters können Sie also zugleich einen positiven Einfluss auf das Trinkverhalten Ihrer Katze nehmen.

So schlimm, wie viele glauben, ist der Besuch beim Tierarzt gar nicht. Vor allem, wenn es sich nur um eine routinemäßige Untersuchung handelt.

Kontrolle beim **Tierarzt**

Eine ausgewogene Ernährung kann Erkrankungen vorbeugen, aber nicht verhindern. Deshalb sollten Sie Ihre Katze zumindest einmal jährlich dem Tierarzt zur Gesundheitskontrolle vorstellen.

ALLGEMEINE UNTERSUCHUNG Neben der objektiven Beurteilung des Ernährungszustandes gibt sie vor allem grundlegenden Aufschluss über die Funktionalität der einzelnen Organe.

BERATUNG Haben Sie Fragen zur richtigen Ernährung und Pflege Ihrer Katze? Jetzt ist Gelegenheit, diese zu stellen.

ROUTINEMASSNAHMEN sind vor allem die Impfung, bei Freigängern auch die Entwurmung. Ansonsten werden sie individuell abgestimmt.

Abnehmen – so geht's richtig!

Ihre Katze muss abnehmen? Mit weniger Futter und mehr Bewegung ist es oft nicht getan. Sprechen Sie mit Ihrem Tierarzt! Auch wenn bei Katzen Übergewicht nur selten durch bestimmte Stoffwechselerkrankungen bedingt ist, müssen diese dennoch ausgeschlossen werden. Erst dann kann er speziell für Ihren Stubentiger einen Plan mit Zielgewicht und Zeitraum der Diät aufstellen. Nicht immer ist das Idealgewicht im ersten Anlauf zu erreichen.

Energie- und Erhaltungsbedarf

Der Erhaltungsbedarf stellt die Energiemenge dar, die über das Futter aufgenommen werden muss, um das Körpergewicht zu halten (→ Seite 9). Wenn Ihre Katze abnehmen soll, muss er somit reduziert werden, ohne dass jedoch in der Folge Mangelerscheinungen oder schwerwiegende Stoffwechselstörungen auftreten dürfen. Schwere Katzen benötigen im Verhältnis zum Körpergewicht weniger Energie als leichte Tiere. In konkreten Zahlen: Solange Ihre Katze über 5 Kilogramm wiegt, hat sie einen Energiebedarf von 209 kJ/kg Körpergewicht, wohingegen sie mit nur 3 bis 3,5 Kilogramm schon 319 kJ/kg braucht. Die Begründung ist einleuchtend: Bei Übergewicht liegt ein größerer Anteil der Körpermasse in Form von Fettgewebe vor, das nur wenig stoffwechselaktiv ist und daher kaum Energie verbraucht. Im Rahmen der Diät verschiebt sich dieses Verhältnis. Durch Abbau des Fettgewebes erhöht sich der Anteil des stoffwechselaktiven Gewebes an der Körpermasse und dementsprechend der Energiebedarf. Die Annahme, dass eine 3 Kilogramm wiegende Katze nur die halbe Futtermenge ihrer 6 Kilogramm schweren Artgenossin braucht, wäre also ein verhängnisvoller Irrtum! Nicht nur die Menge, sondern auch der Energiegehalt der Ration muss somit im Verlauf der Diät immer wieder dem sich ändernden Körpergewicht Ihres Stubentigers angepasst werden.

Die wöchentliche Gewichtskontrolle zeigt den Erfolg der Diät an. Wiegen Sie Ihre Katze direkt vor dem Frühstück mit noch leerem Magen.

Streng nach Plan

Die Diät für übergewichtige Katzen sollte idealerweise einen Energiegehalt von 75 % ihres Erhaltungsbedarfs haben. Dadurch kann ein durchschnittlicher Gewichtsverlust von einem Kilogramm in vier Monaten erreicht werden, was in etwa 1 % der Körpermasse pro Woche entspricht. Bei mehr als 2 % muss die »Abmagerungskur« wegen möglicher Stoffwechselentgleisungen (→ Tipp rechts) umgehend verlangsamt werden.
Zunächst sollten Sie das Gewicht Ihrer Katze mit dem herkömmlichen Futter zu reduzieren versuchen. Dazu verringern Sie dessen Menge langsam auf 75 %, jede Woche nur einige Gramm weniger. Durch diese sachte Reduzierung fällt es Ihrer Katze oftmals gar nicht auf, dass plötzlich weniger im Napf ist. Das Magenvolumen kann sich der geringeren Nahrungsmenge allmählich anpassen, und weniger Hungergefühl kommt auf.
Wird Ihre Katze von der verringerten Ration aber gar nicht satt und bettelt ständig nach Futter, sollten Sie auf ein Fertig-Diätfutter umstellen. Diese haben den Vorteil, dass sie durch einen hohen Ballaststoffanteil sättigend wirken, ohne jedoch zusätzliche Kalorien zu liefern.
Wenn Sie Ihre Katze dann auch noch zu etwas mehr Bewegung animieren können, sollte der Erfolg der Diät nicht lange auf sich warten lassen.

Nur mit Geduld

Grundsätzlich nehmen sehr dicke Katzen im gleichen Zeitraum doppelt so viel ab wie nur leicht übergewichtige Tiere. Allerdings spielt auch die individuelle Stoffwechsellage Ihrer Mieze eine entscheidende Rolle. Bei zwei Katzen mit dem gleichen Ausgangsgewicht kann trotz identischer Fütterungs- und Haltungsbedingungen eine völlig unterschiedliche Gewichtsabnahme beobachtet werden. Auch Phasen, in denen »nichts vorangeht«, sind während einer Diät normal. Wie auch immer: Bleiben Sie geduldig, aber konsequent, dann wird sich das Zielgewicht auch erreichen lassen.

Bei Katzen **keine Nulldiät!**

Lassen Sie Ihre Katze bei einer Diät bitte niemals hungern! Gerade übergewichtige Tiere geraten nach nur zwei Tagen in eine lebensbedrohliche Stoffwechselsituation, die Fettspeicherkrankheit:

ENTSTEHUNG Bei fehlender Futteraufnahme werden Fettreserven mobilisiert, um den Körper mit Energie zu versorgen. Die dabei anfallenden Fettsäuren können von der Leber nicht schnell genug entsorgt werden, sammeln sich somit in den Leberzellen an und beeinträchtigen deren Funktion.

SYMPTOME Die Leberfunktionsstörung verstärkt die Appetitlosigkeit. Die Katze wird teilnahmslos und zeigt eine Gelbverfärbung der Schleimhäute. Nur der Tierarzt kann jetzt noch helfen!

Achtung, Schlupflöcher!

Ausnahmen bestätigen die Regel: Bei Katzen, die mit noch mindestens einer weiteren, normalgewichtigen Artgenossin zusammenleben, gelingt die Gewichtsabnahme nur, wenn Sie die Tiere getrennt füttern können. Freigänger werden in der Nachbarschaft erfolgreich auf Nahrungssuche gehen, denn einer findet sich immer, der den schmachtenden Blicken Ihrer Katze nicht widerstehen kann. Treffen Sie also entsprechende Vorkehrungen, am besten in Absprache mit Ihren Nachbarn.

Suppenkasper auf vier Pfoten

Die meisten Katzen sind nicht unbedingt Feinschmecker, aber sehr wählerisch und oft auf nur eine bestimmte Futtersorte festgelegt. Bereits im Welpenalter findet die sogenannte Konditionierung auf die späteren Essgewohnheiten statt. Je abwechslungsreicher die Kost, desto aufgeschlossener werden die Kätzchen auch später gegenüber Veränderungen in ihrem Speiseplan sein. Doch selbst bei Nahrungsspezialisten kann eine Futterumstellung erforderlich sein. Die Notwendigkeit einer Gewichtsreduktion, Futtermittelallergien oder Erkrankungen können ebenso der Grund sein wie Änderungen im Sortiment der Hersteller. Vielleicht wollen aber auch Sie als Halter Ihrer Katze etwas Abwechslung bieten und sie mit frisch zubereiteten Bio-Produkten verwöhnen? Da die meisten Katzen alles Neue strikt ablehnen, muss die Umgewöhnung sehr langsam und unauffällig erfolgen. Hierbei hat sich ein Schema bewährt, bei dem die Menge des neuen Futters in sehr kleinen Schritten erhöht, die der herkömmlichen Nahrung dementsprechend verringert wird.

Auch wenn das selbst gekochte Futter noch so liebevoll angerichtet ist: Eine Katze, die nur an Trockenfutter gewöhnt ist, wird es nicht ohne Weiteres anrühren!

› Beginnen Sie langsam: Die ersten drei Tage sollte der Anteil des neuen Futters an der Gesamtmenge nicht mehr als 1 % betragen.
› In den folgenden drei Tagen erhöhen Sie dessen Gehalt in kleinen Schritten auf insgesamt 10 %.
› Ab dann erhöhen Sie den Anteil vier Tage lang um jeweils 10 %.
› Am zehnten Tag der Umstellung besteht der Inhalt des Napfes also zur Hälfte aus altem und zur anderen Hälfte aus neuem Futter. Dieses Mischungsverhältnis sollten Sie drei Tage lang fortführen.
› Dann wird der Anteil des neuen Futters wiederum täglich um 10 % erhöht, bis Ihre Katze nach insgesamt 18 Tagen vollständig umgestellt ist.
Verweigert Ihre Katze während dieses Ablaufs das Futter, muss in den dargestellten Stufen ein Schritt zurückgegangen und etwas später ein neuer Versuch gestartet werden. Besonders schwierig wird es, wenn sich nicht nur die Futtersorte, sondern auch die Fütterungsart ändert, beispielsweise von Trockennahrung zur freien Aufnahme auf Rohfleisch zu festen Zeiten. Die Umstellung muss dann in mehreren Phasen erfolgen (→ Tabelle) und erfordert bedeutend mehr Zeit, Energie und Konsequenz.
In jedem Fall sollte Ihre Katze auch während der Umgewöhnung eine Mindestmenge von 25 Gramm Futter je Kilogramm Körpergewicht aufnehmen!

Futterumstellung mit Fingerspitzengefühl

PHASE	ART DER UMSTELLUNG	PHASE	ART DER UMSTELLUNG
PHASE 1	Umstellung von Trockenfutter zur freien Aufnahme auf Trockenfutter zu festen Fütterungszeiten: 3–4 feste Mahlzeiten, aber kein Futter zwischendurch; Portion zunächst 1 Stunde anbieten, dann die Dauer allmählich auf 15 Minuten verkürzen; mehr Appetit durch Reduktion der Tagesmenge um 10–15 % (nur bei gut genährten Tieren!)	PHASE 3	Umstellung auf Dosenfutter: Unter eingeweichtes Trockenfutter zunehmend Dosenfutter mischen, einige Tiere akzeptieren auch sofort die Zugabe von Fleisch.
PHASE 2	Umstellung auf Nassfutter: Anfangs nur 2–3 Tropfen Wasser über das Trockenfutter, dann langsam steigern, bis das Trockenfutter eingeweicht gefressen wird.	PHASE 4	Umstellung auf (Frisch-)Fleisch: Fleisch klein schneiden, unter das Dosenfutter mischen; Menge langsam steigern; verschiedene Fleischsorten nutzen; parallel an Futterzusätze gewöhnen (Taurin wird gut angenommen, Gemüse/Mineralfutter erst langsam steigern); Rohfleisch alleine nur dann, wenn Mineralfutter akzeptiert wird.

Die **halbfett** gesetzten Seitenzahlen verweisen auf Abbildungen, U = Umschlag, UK = Umschlagklappe.

I

K

L

M

N

O

P

R

S

T

U

V

W

Z

Die Inhalte dieses Buches beziehen sich auf die Bestimmungen des deutschen Tier- bzw. Artenschutzes. In anderen Ländern können die Angaben abweichend sein. Erkundigen Sie sich daher im Zweifelsfall bei Ihrem Zoofachhändler oder bei der entsprechenden Behörde.

Verbände/Vereine

› Fédération Internationale Féline (FIFe), L-2015 Luxembourg, www.fifeweb.org
› Feline Federation Europe (FFE), Postfach 119527, 90402 Nürnberg, www.ffe-europe.de
› World Cat Federation e. V. (WCF), Geisbergstr. 2, 45139 Essen, www.wcf-online.de
› 1. Deutscher Edelkatzenzüchter-Verband e. V. (1. DEKZV e. V.), Berliner Str. 13, 35614 Aßlar, www.dekzv.de
› Deutsche Rassekatzen-Union e. V. (D.R.U.), Hauptstr. 56, 56814 Landkern, www.dru.de
› Österreichischer Verband für die Zucht und Haltung von Edelkatzen (ÖVEK), Liechtensteinstr. 126, A-1090 Wien, www.oevek.org
› Fédération Féline Helvétique (FFH), Alfred Wittich (Präsident), Büntacher 22, CH-5626 Hermetschwil, www.ffh.ch
› Deutscher Tierschutzbund e. V., Baumschulallee 15, 53115 Bonn, www.tierschutzbund.de
(Anschriften von Katzenclubs und -vereinen können Sie auch bei den vorgenannten Verbänden erfragen.)

Wichtige **Hinweise**

› **Alle Ratschläge und Empfehlungen in diesem Buch wurden sorgfältig recherchiert und in der Praxis erprobt. Dennoch können nur Sie selbst entscheiden, ob und inwieweit Sie diese Vorschläge mit Ihrer Katze umsetzen können und möchten. Lassen Sie sich in allen Zweifelsfällen zuvor durch einen Fachtierarzt für Tierernährung und Diätetik beraten.**

› **Weder Autor noch Verlag können für eventuelle Schäden, die aus den im Buch gegebenen praktischen Hinweisen resultieren, eine Haftung übernehmen.**

Tierärzte

Fachtierärzte/-innen für Tierernährung und Diätetik finden Sie hier:
› Freie Universität Berlin, Institut für Tierernährung, **www.vetmed.fu-berlin.de/einrichtungen/institute/we04**
› Ludwig-Maximilians-Universität München, Veterinärwissenschaftliches Department, Lehrstuhl für Tierernährung und Diätetik, **www.ernaehrung.vetmed.uni-muenchen.de/service/ernaehrungsberatung**

Fragen zur Haltung

beantworten Ihre Zoofachhändler und der Zentralverband Zoologischer Fachbetriebe Deutschlands e.V. (ZZF), Tel. 0611/44 75 53 32 (nur telefonische Auskunft möglich: Mo 12–16 Uhr, Do 8–12 Uhr), www.zzf.de

Krankenversicherung

› AGILA Haustierversicherung AG, Breite Str. 6–8, 30159 Hannover, www.agila.de

Bücher, die weiterhelfen

› Leiendecker, N.: B.A.R.F. für Katzen. Cadmos Verlag, Schwarzenbek
› Linke-Grün, G. / Wegler, M.: Wohnungskatzen. Gräfe und Unzer Verlag, München
› Rüssel, K.: Katzen – Clickertraining. Gräfe und Unzer Verlag, München

Zeitschriften

› Pfotenhieb – das Katzenmagazin, www.pfotenhieb.de
› Our cats. Das Katzenmagazin. Minerva-Verlag GmbH, Mönchengladbach
› Katzen extra. Gong Verlag, Ismaning

Internet-Adressen

Informationen zur Katzenhaltung
› **www.welt der Katzen.de**
› **www.schmusekatzen.de**
› **www.edelkatzen.de**
Fressnäpfe für Katzen
› **www.chacco.biz**
Informationen zu Giftpflanzen
› **www.botanikus.de**
› **www.giftpflanzen.ch**
Individuelle Ernährungsberatung
› **www.futtermedicus.de**
Informationen zum FBMI
› **www.weight.pet-check.de/diagnose.htm**
› **www.waltham.com/document/cat-body-weight-management/291** (auf Englisch)

Die werden Sie auch lieben.

ISBN 978-3-8338-0579-0

ISBN 978-3-8338-1166-1

ISBN 978-3-8338-0525-7

ISBN 978-3-8338-1199-9

ISBN 978-3-8338-1935-3

ISBN 978-3-8338-1604-8

e Auch als eBook erhältlich.

Mehr von GU auf www.gu.de und
facebook.com/gu.verlag

GU
Willkommen im Leben.

Unsere Garantie

Alle Informationen in diesem Ratgeber sind sorgfältig und gewissenhaft geprüft. Sollte dennoch einmal ein Fehler enthalten sein, schicken Sie uns das Buch mit dem entsprechenden Hinweis an unseren Leserservice zurück. Wir tauschen Ihnen den GU-Ratgeber gegen einen anderen zum gleichen oder ähnlichen Thema um.

Liebe Leserin und lieber Leser,

wir freuen uns, dass Sie sich für ein GU-Buch entschieden haben. Mit Ihrem Kauf setzen Sie auf die Qualität, Kompetenz und Aktualität unserer Ratgeber. Dafür sagen wir Danke! Wir wollen als führender Ratgeberverlag noch besser werden. Daher ist uns Ihre Meinung wichtig. Bitte senden Sie uns Ihre Anregungen, Ihre Kritik oder Ihr Lob zu unseren Büchern.
Haben Sie Fragen oder benötigen Sie weiteren Rat zum Thema? Wir freuen uns auf Ihre Nachricht!

Wir sind für Sie da!
Montag–Donnerstag:
8.00–18.00 Uhr;
Freitag: 8.00–16.00 Uhr
Tel.: 08 00/7 23 73 33
Fax: 08 00/5 01 20 54
(kostenlose Servicenummern)
E-Mail:
leserservice@graefe-und-unzer.de

P.S.: Wollen Sie noch mehr Aktuelles von GU wissen, dann abonnieren Sie doch unseren kostenlosen GU-Online-Newsletter und/oder unsere kosten losen Kundenmagazine.

GRÄFE UND UNZER VERLAG
Leserservice
Postfach 86 03 13
81630 München

Projektleitung: Cornelia Nunn, Anne-Kathrin Wahler
Lektorat: Dr. Stefanie Gronau
Bildredaktion: Daniela Jelinek, Petra Ender (Cover)
Umschlaggestaltung und Layout: independent Medien-Design, Horst Moser, München
Herstellung: Miriam-Jana Eberwein
Satz: Uhl + Massopust, Aalen
Reproduktion: Longo AG, Bozen
Druck und Bindung: Firmengruppe APPL, aprinta druck, Wemding

Printed in Germany
ISBN 978-3-8338-2678-8
1. Auflage 2013

www.facebook.com/gu.verlag

Umwelthinweis

Dieses Buch ist auf PEFC zertifiziertem Papier aus nachhaltiger Waldwirtschaft gedruckt.

GRÄFE UND UNZER

Ein Unternehmen der
GANSKE VERLAGSGRUPPE

Der Autor

Dr. Michael Streicher ist Fachtierarzt für Kleintiere und Katzenliebhaber. Nach mehr als zehn Jahren Berufserfahrung in deutschen Kleintierkliniken hat er 2009 seine eigene Katzen-Praxis in Oberursel im Taunus gegründet und sich dabei ausschließlich auf die Behandlung dieser Tierart spezialisiert.

Die Fotografin

Jana Weichelt ist Tierfotografin aus Leidenschaft. Sie arbeitet selbstständig als Bildautorin für verschiedene Verlage.
Weitere Infos finden Sie unter: www.kalenderfoto.de

Alle Fotos in diesem Buch stammen von Jana Weichelt mit Ausnahme von:

BIOS: 41-1, 48; **Michael Brauner:** 02-2, 29 (3), 30 (2), 31, 32, 33, 34, 35, 37, U8-2; **Getty Images:** 06; **Privat:** Autorenfoto. Alle Zeichnungen in diesem Buch stammen von **Claudia Lieb**.

Syndication:
www.jalag-syndication.de